JOSÉ RAMÓN ALONSO

El cerebro zurdo

y otras historias de la ciencia y de la mente

GUADALMAZÁN

© José Ramón Alonso Peña, 2019
© Talenbook, s.l., 2019

Primera edición: octubre de 2019

Guadalmazán • Colección Divulgación científica
Edición de Elena Garrido
Director editorial Antonio Cuesta
www.editorialguadalmazan.com
pedidos@almuzaralibros.com - info@almuzaralibros.com

Imprime: cpi black print
ISBN: 978-84-17547-12-7
Depósito Legal: CO-1243-2019
Hecho e impreso en España-*Made and printed in Spain*

33614082028456

Índice

«Con tan sólo un kilo y medio de peso, el cerebro es la estructura más maravillosa y compleja del Universo. En él residen nuestro pasado, presente y futuro. Atrévete a explorarlo y conocerlo a través de la Neurociencia.»

La nariz de CHARLES DARWIN

y otras HISTORIAS de la NEUROCIENCIA

por
JOSÉ RAMÓN ALONSO

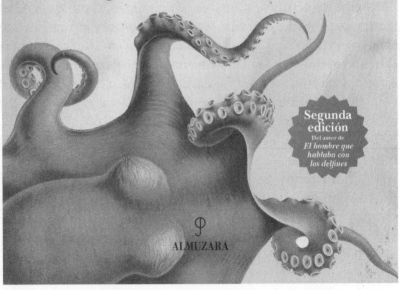

Segunda edición
Del autor de
El hombre que hablaba con los delfines

ALMUZARA

La nariz de Charles Darwin y otras historias de la Neurociencia
(Almuzara, septiembre de 2011).

Presentación

Historias de la Neurociencia se ha convertido, libro a libro, en una amplia colección. Más de doscientas entradas tratando aspectos históricos del estudio del cerebro y también las sorprendentes conexiones entre la investigación neurocientífica y el arte, la literatura, la política, la historia y, por encima de todo, nuestra vida cotidiana. El cerebro no es solo la estructura más compleja y fascinante del universo, es también la más importante para nosotros: nuestra visión del mundo la construye el cerebro, nuestras relaciones con otros son básicamente conexiones entre células nerviosas y lo más íntimo, nuestro propio yo, lo que nos hace ser seres únicos, especiales, irrepetibles es, en su sustrato más básico, qué neuronas tenemos y cómo se conectan entre sí. Aprender sobre neurociencia es aprender sobre nuestra sociedad y, también, sobre nosotros mismos.

La nariz de Darwin y otras historias de la Neurociencia, el primero de la serie, está en estos momentos en traducción al ruso. Es un reto y un estímulo que la divulgación científica, hecha por españoles y escrita originalmente en español, alcance otras audiencias. Es una prueba de que el mundo hispanohablante, cuya literatura de ficción es un referente mundial, de Cervantes a Borges, de García Márquez a Lorca, puede también aportar en el ámbito de la no ficción, ser tan apasionante y enriquecedora como un buen soneto y cuyos personajes reales no desmerecen de los creados por la imaginación y creatividad, también funciones cerebrales, de los autores de ficción.

Como en libros previos, este volumen contiene treinta y dos capítulos independientes que quieren sorprender, divertir y enseñar. Son también actividades que solo funcionan porque nuestro sistema nervioso sabe hacerlas. Tenemos un circuito de recompensa cerebral que nos premia con una sensación de placer por hacer cosas importantes como beber cuando tenemos sed o tener sexo para que la especie no se extinga, pero también nos da esa sensación de placer por aprender, por descubrir, por establecer conexiones entre temas aparentemente distantes. Aquí hablaremos de huellas de manos en cuevas prehistóricas y del sabor mentolado, de la domesticación del perro y los afrodisíacos que tomaba Fernando el Católico, de la investigación para salvar a los pilotos que se enfrentaban a los aviadores de Hitler y de la inteligencia de las aves, de Marilyn Monroe y las falanges griegas... En total treinta y dos historias que te harán sonreír, o te pondrán la piel de gallina o te harán desear contárselo a un amigo, pero que no te dejarán indiferente. Y además, generarán nuevas conexiones sinápticas en tu cerebro ¡eso está garantizado!

Bienvenido a bordo y ojalá disfrutes la travesía.

El cerebro zurdo

Los humanos somos seres asimétricos. En una etapa temprana de nuestro desarrollo embrionario el corazón se va hacia el lado izquierdo del tórax y el hígado empieza a crecer en el derecho. El pulmón derecho es distinto que el izquierdo, el estómago se desplaza desde la línea central y también nuestro cerebro se va convirtiendo, a pesar de su aspecto exterior relativamente simétrico, en una estructura funcionalmente asimétrica. Somos también asimétricos bioquímicamente y en las fases tempranas del embrión se producen distintas proteínas a cada lado del cuerpo aunque morfológicamente seamos todavía perfectamente simétricos. Somos también asimétricos en nuestro comportamiento, es decir, no usamos de la misma manera nuestro lado izquierdo y derecho. El ejemplo más evidente puede ser la preferencia de mano, donde un 90 % de las personas son diestras y el 10 % restante, un poco más —12 %— en las mujeres, son zurdos. Junto a los diestros y zurdos hay personas ambidiestras, que usan igualmente ambas manos, y de preferencia mixta, que son los que para una tarea —escribir, por ejemplo— prefieren una mano y para otra —empuñar una raqueta— prefieren la otra. Rafael Nadal, por poner un ejemplo, no es zurdo pero aprendió a jugar empleando la mano izquierda por indicación de su tío y entrenador, aunque usa la mano derecha para todo lo demás.

La proporción diestros-zurdos se mantiene en todas las sociedades, en todas las etnias, y en todas las culturas, pero en algunas, como la china, la desproporción se llega a extre-

Una clase en la Junta Americana de Misiones en Pekín, China (c. 1926)
[Keystone View Company, Library of Congress].

La señora Mills enseña a un alumno sordomudo en su escuela privada en Che-
Foo, China (c. 1902) [HC White Co., Library of Congress].

mar (solo el 1 % de los chinos serían aparentemente zurdos) porque la preferencia por la mano izquierda se intenta «curar» y hay una fuerte presión familiar y social contra el uso de la mano izquierda, considerado algo indebido.

Somos diestros porque nuestro cerebro es zurdo y nuestra corteza cerebral es tan asimétrica que se nos ha llegado a llamar «el simio torcido». Aunque los primates salvajes no suelen implicarse en actividades que requieran un control motor fino, todos tienen una mano preferente y estas variaciones siguen un claro patrón filogenético: los lémures y otros prosimios tienden a ser zurdos; los macacos y otros monos del Viejo Mundo muestran una proporción equilibrada entre diestros y zurdos; los gorilas y chimpancés muestran en torno a un 65 % de diestros y un 35 % de zurdos, mientras que, como hemos dicho, el porcentaje de diestros a zurdos en la especie humana es de 9 a 1. En otras palabras, cuanto mayor desarrollo cerebral tenga una especie de primate es más probable que predominen los especímenes diestros.

Somos mayoritariamente diestros desde hace muchos milenios y no solo los *sapiens*. Los esqueletos de los neandertales muestran que los huesos de los brazos derechos y los hombros derechos son un poco más robustos, sugiriendo un uso predominante de esa mano. Los cráneos de *Homo heidelbergensis* encontrados en Atapuerca muestran marcas en los dientes que se suponen hechas al sujetar un trozo de carne con los dientes y cortarlo con una piedra afilada. El ángulo de las marcas sugiere que la herramienta de cortar era manejada con la mano derecha. Por tanto, los registros fósiles de éste y otros lugares sugieren que los homínidos eran también mayoritariamente diestros y esa preferencia tiene al menos un millón de años de antigüedad. Es posible que esa fecha para el uso prioritario de la mano derecha pueda retrasarse mucho más: un esqueleto de *Homo ergaster*, el niño de Turkana, muestra también señales de que era diestro y tiene 1,6 millones de años pero es una evidencia demasiado aislada para afirmar que toda la especie tenía predominancia diestra. En épocas más recientes la cosa está clara.

Este bajorrelieve asirio representa al rey Asurbanipal alanceando un león con la mano derecha [Foto Graphic, British Museum, Londres].

Desde que tenemos registro histórico la predominancia de la mano derecha es evidente: los murales de las tumbas precolombinas o los estucos en los enterramientos del Valle de los Reyes de Egipto o los bajorrelieves asirios de los palacios de Mesopotamia muestran personas remando con la mano derecha, arrojando sus lanzas con el brazo derecho o sujetando la flecha en el arco con la mano derecha.

Tanto la asimetría cerebral como la preferencia de mano son tendencias heredables y se supone que hay al menos 40 genes que afectan a que seamos diestros o zurdos. El grupo de William Brandler de la Universidad de Oxford ha estudiado estos genes implicados en la preferencia de mano y uno de ellos, el llamado PCSK6, es el que mostraba una correlación más clara. Este gen tiene un papel crucial en la aparición de la asimetría corporal durante el desarrollo fetal. Si se muta experimentalmente en ratones, el resultado es que el roedor tiene los órganos en el lado contrario del cuerpo, lo que llamamos en humanos un *situs inversus*, donde el corazón está en el lado derecho y el hígado en el izquierdo, y de hecho, todas las mutaciones comunes que se relacionan con la preferencia en el uso de una mano tienen que ver con genes implicados en la asimetría corporal. Un estudio sobre niños con dislexia en 2007 encontró otro gen, LRRTM1 que está también asociado con el desarrollo de la preferencia por la mano izquierda, de la zurdera. Este estudio tuvo un gran impacto mediático cuando se vio que la misma variante génica era desproporcionadamente abundante en las personas con esquizofrenia. La conclusión es que la preferencia de mano es un rasgo complejo controlado por la actividad combinada de decenas de genes, que algunos de estos genes intervienen en otras funciones biológicas y que el control génico múltiple explicaría por qué los zurdos persisten en un mundo de diestros: hay tantos genes que intervienen en este rasgo que es imposible silenciarlos a todos y además otras funciones importantes quedarían afectadas.

La idea más aceptada sobre el origen de la zurdera es que se basa en un vínculo con el procesamiento del lenguaje, que sabemos que está localizado asimétricamente en el cerebro.

Un chimpancé en cautividad observando su mano izquierda
[Ekaterina Tsepova].

El uso de la mano y la producción del habla son dos actividades que requieren un control muscular fino y preciso y una alta actividad cerebral con un fuerte consumo energético. Una posibilidad es que fuese más eficaz evolutivamente concentrar ambas funciones en el mismo hemisferio que tenerlas dispersas por toda la corteza cerebral. Puesto que la mayoría de la gente tiene las funciones del lenguaje localizadas en el hemisferio izquierdo, la mayoría de los centros que gobiernan la motilidad fina de la mano se localizarían también en el mismo hemisferio, lo que a su vez implica que la mayoría de la gente sea diestra. Pero lo contrario no se cumple, los zurdos tienen una organización cortical mucho más heterogénea donde el área de procesamiento de las palabras puede estar en el lado izquierdo, en el derecho o en ambos. Un estudio con neuroimagen en 326 personas ha encontrado que el 96 % de los diestros pero solo el 73 % de los zurdos tienen una dominancia del hemisferio izquierdo para el lenguaje. En general, parece que los zurdos tienen cerebros que son menos asimétricos, con una distribución más homogénea de áreas funcionales entre ambos hemisferios. De hecho, hay quien dice que la denominación correcta de los zurdos debería ser «no-diestros» puesto que muchos son realmente ambidiestros y tienen muy buena capacidad de movimientos delicados y precisos también con su mano derecha.

Si hacemos un poco de Neurociencia comparada y vemos cómo es la situación en otros grupos de vertebrados, vemos que no hay un patrón universal: las ranas y los pájaros generan sonidos comunicativos modulados por una zona situada en un lado del cerebro sin que exista una preferencia comparable en el uso de una de sus extremidades frente a la otra. La hipótesis más apoyada —planteada ya desde la época de Paul Broca— es que la predominancia de mano es algo relativamente reciente evolutivamente y característico de los mamíferos con conductas más complejas cuyo ejemplo más notable somos nosotros mismos. Según el lenguaje iba siendo más importante para nuestros ancestros, el hemisferio izquierdo, que controla el lado derecho del cuerpo, fue tomando un papel sobresaliente y conllevó que se fuese usando más la mano derecha. En otras palabras, el predominio de los humanos diestros sería un efecto colateral del desarrollo del lenguaje y su control desde el hemisferio cerebral izquierdo. Para otros autores hubo otro factor principal que fue la incorporación de las manos al lenguaje, la realización de gestos para reforzar o modular el proceso comunicativo, donde el habla y la gesticulación se producirían simultánea y coordinadamente, lo que habría impulsado también ese control de la preferencia de mano por el hemisferio izquierdo. En resumen, esta concordancia ha hecho pensar que los dos ámbitos —lenguaje y preferencia manual— evolucionaron paralelamente.

Mucho de lo que se ha escrito sobre preferencia en el uso de la mano busca diferencias entre diestros y zurdos que vayan más allá de la asimetría en sus habilidades manuales y tienden a plantear que los individuos zurdos tengan unas características psicológicas o fisiológicas que los distingan de los diestros. Hay también un sesgo cultural donde al grupo minoritario, los zurdos, se le adjudican connotaciones negativas y cargadas de prejuicios. Alejandro Casona llegó a decir que «*hay gente que parece zurda de las dos manos*» indicando torpeza y desmaña. Quizá por esa tendencia a unir mayoría con normalidad y minoría con excentricidad, muchas culturas asocian la zurdera con una imagen diabólica, débil, enferma, traicionera o maligna y eso sin entrar en que el Estrangulador de Boston era zurdo. En sánscrito la palabra «*waama*» significa tanto «izquierdo» como «malvado». En la cultura china, el adjetivo «*zuǒ*» —izquierdo— significa también «impropio». El termino inglés «*left*» viene del celta «*lyft*» y significa «débil» o «roto» parecido al holandés dialectal que usa «*loof*» que significa «sin valor» o «flojo». En latín, la palabra para izquierda, «*sinistra*», significa también «malvada» o «desafortunada» y de ahí deriva nuestra «siniestra» mientras que se supone que para hacer bien las cosas debemos hacerlas «a derechas» y una buena actuación demuestra también nuestra «destreza», que somos «diestros». Un patrón claramente discriminatorio.

Cesare Lombroso, el médico italiano representante del positivismo criminológico, también postuló tendencias criminales en el predominio de la mano izquierda y así la zurdera era, para él, una evidencia de patología, estado salvaje, primitivismo y propensión al delito. Ahora somos políticamente correctos, aunque algunas versiones más modernas de esa línea de pensamiento relacionan ser zurdo con haber sufrido algún trauma en el nacimiento o algún desequilibrio en el ambiente hormonal del útero, como si la preferencia por la mano izquierda fuera una anomalía surgida de una anomalía anterior. También se han encontrado correlaciones —que nunca implican necesariamente una relación causal y en algunos casos son discutidas— entre la zurdera y problemas de sueño, autismo, esquizofrenia, dislexia, abuso de drogas, alergias, enfermedades autoinmunes, migrañas, agresiones, daño cromosómico, fracaso escolar, criminalidad, alcoholismo, mojar la cama, daño cerebral leve, maduración neuronal e incluso con una menor esperanza de vida. No todas las correlaciones son negativas, algunas son neutras, como una mayor frecuencia relativa de zurdos entre los vegetarianos o entre los homosexuales y otros estudios correlacionan la zurdera con aspectos positivos como un mayor desarrollo de las habilidades verbales y espaciales, una mejor organización cerebral y una mayor creatividad. De hecho, grandísimos artistas como Leonardo, Beethoven o Chaplin eran zurdos.

Algunos investigadores británicos han postulado que la predominancia actual de los diestros es el resultado de dos mutaciones. La primera tendría lugar hace unos 200 000 años y creó el sustrato anatómico para la asimetría funcional del cerebro. Se le ha llegado a llamar el «Big Bang cerebral» pues de esa asimetría, que implicaba la duplicación de la capacidad funcional de la corteza cerebral, surgiría la especialización de los hemisferios, el desarrollo del lenguaje y el potenciamiento del procesamiento cognitivo superior: pensamiento abstracto, sentimientos, planificación, empatía, predicción del futuro... Para otros investigadores, esto es una exageración y esa mutación lo que hizo fue simple-

Uno de los zurdos más célebres de la historia, Abraham Lincoln, decimosexto presidente de los Estados Unidos de América, desde el 4 de marzo de 1861 hasta su asesinato el 15 de abril de 1865.

mente desplazar los centros del lenguaje hacia el hemisferio izquierdo haciendo que el cerebro fuese más asimétrico y, poco a poco, más especializado. La segunda mutación, según Chris McManus del University College de Londres, canceló la tendencia natural del cerebro hacia la mano derecha posibilitando la aparición de más zurdos. Encaja con una broma de zurdos de que «*todos nacemos diestros pero solo unos pocos consiguen superarlo*». Volviendo a la Ciencia, las personas que tuvieran la segunda mutación tendrían una organización cerebral atípica lo que explicaría porqué los zurdos tienen una mayor probabilidad de tener tanto enfermedades mentales como inteligencias sobresalientes.

Junto a Bob Esponja, uno de los zurdos más famosos de la televisión es Ned Flanders, el bondadoso, beato y un poco cursi vecino de los Simpson. En la tercera temporada de los Simpson, Flanders junta sus ahorros y abre el Leftorium, una tienda especializada en productos para zurdos. Allí hay una solución para algunos de esos productos que cualquier zurdo te puede contar que son considerados «normales» por los diestros y una auténtica pesadilla para ellos. Entre otros están los cuadernos de anillas, los abrelatas o la palanca de cambios de los coches. A pesar de este panorama desolador, a los zurdos no les va mal en la vida y tanto quien fue hace poco el hombre más poderoso del mundo —Barack Obama— como el más rico —Bill Gates— los dos son zurdos. No son casos excepcionales: cuatro de los cinco últimos presidentes americanos son zurdos (Reagan, Bush padre, Clinton y el ya mencionado Obama) al igual que los dos más famosos, Lincoln y Kennedy. Y si eso no parece buen argumento, recordar que Nicole Kidman, Julia Roberts, Angelina Jolie, Scarlett Johansson, Hugh Jackman, Bruce Willis, Iker Casillas y Keanu Reeves, son zurdos todos ellos. Alguien con preferencia por la mano izquierda lo tendrá más fácil para hacer manitas con ellas o ellos y eso sí que es un argumento definitivo.

📖 PARA LEER MÁS:

- Brandler WM, Morris AP, Evans DM, Scerri TS, Kemp JP, Timpson NJ, St Pourcain B, Smith GD, Ring SM, Stein J, Monaco AP, Talcott JB, Fisher SE, Webber C, Paracchini S (2013) Common variants in left/right asymmetry genes and pathways are associated with relative hand skill. *PLoS Genet* 9(9): e1003751.
- Coren S (1989) Left-handedness and accident-related injury risk. *Am J Public Health* 79(8): 1040-1041.
- Coren S (1990) Left-Handedness: Behavioral Implications and Anomalies. Serie: Advances in Psychology. Elsevier, Amsterdam.
- Coren S, Halpern DF (1991) Left-handedness: a marker for decreased survival fitness. *Psychol Bull* 109(1): 90-106.
- Kushner HI (2013) Why are there (almost) no left-handers in China? *Endeavour* 37(2):71-81.
- Ocklenburg S, Beste C, Güntürkün O (2013) Handedness: a neurogenetic shift of perspective. *Neurosci Biobehav Rev* 37(10 Pt 2): 2788-2793.
- http://io9.com/5840005/why-are-most-people-right-handed
- http://content.time.com/time/specials/packages/article/0,28804,1916052_1916054_1915833,00.html#ixzz2ipe86IZb.

Picar y rascar, todo es empezar

En *La Divina Comedia*, Dante Alighieri se encuentra en el infierno con Capoccio *«que falseó metales con la alquimia»* y otros condenados que habían sido castigados con *«la saña ardiente de un picor fiero que nada puede aliviar»* y que *«se mordían con las uñas a ellos mismos y arrancaban la sarna con las uñas, como escamas de meros el cuchillo»*. Es el prurito, comezón o picazón. La definición planteada por el médico alemán Samuel Hafenreffer en 1660 sigue perfectamente vigente: una sensación desagradable que provoca el deseo de rascarse.

La piel es nuestro órgano más grande y transmite al sistema nervioso central dolor, temperatura, tacto y picor. El prurito es el problema dermatológico más común que existe y puede darse en todo el cuerpo o estar localizado en una zona determinada. Puede ser agudo, como el causado por la picadura de un insecto, o crónico, en cuyo caso es un reto clínico con pocas terapias eficaces. El picor crónico puede ser de cuatro tipos: dermatológico, sistémico, neuropático y psicogénico. El dermatológico surge de una enfermedad de la piel tal como una dermatitis atópica, un eczema, psoriasis, urticaria o xerosis. El picor sistémico, por el contrario, surge por enfermedades de otros órganos que no sean la piel, como el prurito colestático (hígado) o el prurito urémico (riñón). El picor neuropático suele ir ligado a trastornos del sistema nervioso central o periférico, incluyendo neuropatías, esclerosis múltiple, tumores cerebrales o compresión o irritación de un nervio. El prurito también puede ser psi-

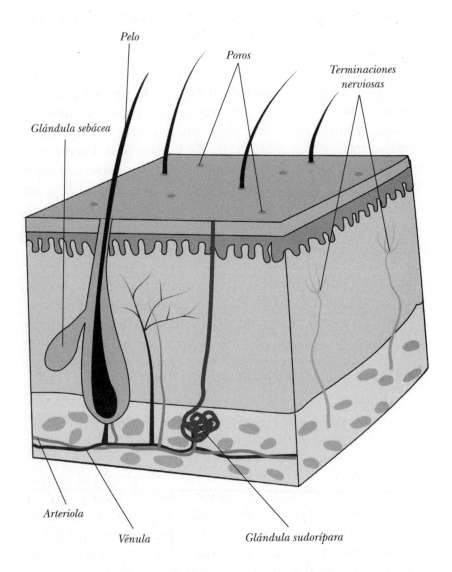

Pelo

Poros

Terminaciones
nerviosas

Glándula sebácea

Arteriola

Vénula

Glándula sudorípara

Esquema anatómico de la piel humana con sus principales estratos: epidermis (la más externa), dermis e hipodermis. La piel es el órgano más «grande» de nuestro cuerpo, es capaz de transmitir al cerebro sensaciones de dolor, temperatura, tacto y picor, gracias a los terminales nerviosos [Kicky Princess].

cogénico, creado por la mente sin que haya un problema orgánico claro. Los pacientes con psicosis pueden tener alucinaciones cutáneas —sentir que bajo su piel se mueven hormigas, parásitos o que hay alambres o hilos— o rascarse de forma compulsiva a causa del estrés.

Algunas historias sobre el picor y el rascado patológico ponen los pelos de punta. Atul Gawande, un cirujano norteamericano, contaba en el *New Yorker* el caso de una psicóloga, м., que sufría un picor insoportable en la cabeza. Había surgido tras un episodio de herpes pero los médicos no veían nada en su cuero cabelludo, ni parásitos ni hongos, tan solo las señales y las heridas del rascado. Por el día intentaba controlarse, pero las manchas de sangre en la almohada por la mañana indicaban que se rascaba muy intensamente mientras dormía. Probó a ponerse gorros para dormir, vendarse la cabeza o usar unas manoplas, pero nada parecía funcionar. Una mañana se despertó con un líquido cayendo por la cara, no era sangre y fue al médico, que ordenó que la llevaran al quirófano inmediatamente. Aquella noche se había rascado la cabeza de tal manera que había atravesado el cráneo y había llegado a dañarse el cerebro teniendo una pérdida de líquido cefalorraquídeo.

Al igual que el dolor, la sensación de picor la inician neuronas aferentes primarias —llamadas pruriceptivas— que llevan información desde la piel al sistema nervioso central. Los cuerpos de estas neuronas aferentes primarias están localizadas en los ganglios de la raíz dorsal y en el ganglio trigémino. Debido a las similitudes entre el dolor y el picor, históricamente el prurito se consideraba un subtipo de dolor pero los avances científicos más recientes sugieren que la sensación de picor es una modalidad sensorial específica que utiliza vías neurales propias. Igual que tenemos en nuestro cuerpo rutas del dolor, tenemos rutas del picor.

El prurito puede tener un impacto perverso en la calidad de vida como bien sabían los pecadores mencionados por Dante. Los científicos hablan del prurito y el rascado como un ciclo, donde la comezón genera el reflejo de usar las uñas, que a su vez alivia momentáneamente el prurito,

«El comer y el rascar todo es empezar» [Everett].

pero al cesar, se incrementa esa sensación de picor. El mismo Montaigne lo dijo con claridad «*Rascarse es una de las gratificaciones más dulces de la naturaleza, y más a mano que ninguna*». El alivio causado por un fuerte rascado se debe a que las vías nerviosas que transmiten ambas sensaciones, picor y dolor, cursan por las mismas zonas y, como si se tratara de dos personas intentando pasar por una puerta estrecha, la sensación de picor ocupa la vía sensorial y no deja pasar la sensación de dolor. Cuando dejamos de rascarnos y el dolor cesa, el picor se vuelve más intenso, con lo cual nos rascamos aún más fuerte en una espiral que puede terminar con heridas sangrantes en de la piel.

Para librarse del prurito, sobre todo si es constante, hay que consultar al médico de cabecera y seguir unas estrategias relativamente sencillas:

— No rascarse, tan solo empeora las cosas.
— Usar ropa limpia, fresca y cómoda, tanto de día como de noche.
— Lavarse con poco jabón y aclararlo cuidadosamente para que no queden restos en la piel.
— Usar cremas hidratantes.
— Evitar el sudor (alejándose de sitios calientes y húmedos)
— Evitar los ambientes secos.
— Calmar la piel con un baño de avena.
— Colocar compresas frías en la parte afectada.
— Realizar actividades que relajen y hagan no pensar en el picor.
— Descansar adecuadamente.

Atendiendo a la química cerebral, el sistema nervioso central emplea serotonina para controlar el dolor y el dolor ayuda a aliviar el prurito, así que el grupo de Zhou-Feng Chen, de la Universidad de Washington en St. Louis, Missouri exploró si la serotonina interviene en la picazón. El grupo de Chen empezó con un ratón *knock-out* que no producía serotonina al que le generaron un prurito aplicando una sustancia irritante sobre la piel. Tras la aplicación de la sustancia prurigé-

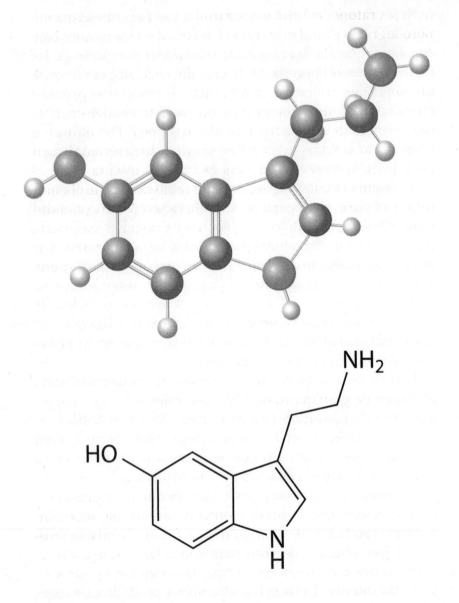

Estructura molecular de la serotonina. La 5-hidroxitriptamina o serotonina es un neurotransmisor que se sintetiza desde el triptófano. Se la asocia en las revistas populares con la «felicidad», ya que, cuando aumentan sus niveles, genera sensaciones de bienestar y relajación.

nica, los ratones control empezaron a rascarse intensamente pero los ratones mutantes no lo hacían. Si en los ratones control se bloquea la liberación de serotonina por parte de las neuronas serotonérgicas del tronco del encéfalo, tampoco se rascan, lo que indica que la necesidad de rascarse se produce cuando las terminaciones nerviosas procedentes del SNC liberan serotonina en la zona irritada de la piel. Por último, si tras colocar la sustancia irritante se administra serotonina en esa región, la sensación de picor es aún más intensa.

El sistema es como sigue: la gente se rasca porque el dolor inhibe el picor, pero como el SNC libera serotonina para disminuir la sensación dolorosa, tienen que rascarse más fuerte para conseguir una sensación dolorosa suficientemente intensa para suprimir el prurito, pero entonces el SNC vuelve a intentar controlar el dolor así que libera más serotonina en la zona dolorida por el rascado con lo que la sensación de dolor vuelve a bajar, el picor vuelve a aparecer y hay que rascarse aún más fuerte en un círculo vicioso que termina frecuentemente con la piel sangrando.

Hay unas neuronas que contienen el llamado péptido liberador de gastrina (GRP) y que intervienen en el comportamiento de rascado. El mismo grupo de Chen había descubierto que las neuronas con receptor para GRP (GRPR) eran las responsables de que la sensación de picor fuera muy intensa. La serotonina, de camino hacia la zona irritada, activa las neuronas GRPR que modulan el prurito al mismo tiempo que estimulan otras neuronas que modulan el dolor. Eso hace que cuando nos rascamos, la misma serotonina que libera el cerebro para controlar la sensación de dolor, activa a las GRPR con lo que la sensación de picor es aún más intensa. Estos resultados abren posibilidades sugerentes como bloquear los receptores de las neuronas GRPR con lo que eliminaríamos ese refuerzo al picor pero los circuitos cerebrales son más complejos y no será tan fácil librarnos de esta sensación desagradable. Ya dijo el poeta Ogden Nash, que *«la felicidad es tener un rascado para cada picor»*.

📖 PARA LEER MÁS:

- Akiyama T, Carstens E (2013) Neural processing of itch. *Neuroscience* 250: 697-714.
- Gawande A (2014) The itch. *The New Yorker* http://www.newyorker.com/magazine/2008/06/30/the-itch
- Zhao ZQ, Liu XY, Jeffry J, Karunarathne WKA, Li JL, Munanairi A, Zhou XY, Li H, Sun YG, Wan L, Wu ZY, Kim S, Huo FQ, Mo P, Barry DM, Zhang CK, Kim JY, Gautam N, Renner KJ, Li YQ, Chen ZF (2014) Descending control of itch transmission by the serotonergic system via 5-HT1A-facilitated GRP-GRPR signaling. *Neuron* 84 (4): 821-834.

Lo inquietante

No sé bien cómo traducirlo. En alemán se dice *Das Unheimliche* como sustantivo y *unheimlich* como adjetivo. *Heim* es hogar; *heimlich*, hogareño, cómodo, privado...; *heimisch*, natural, autóctono, entrañable... La partícula «*un*» significa «lo contrario» y convierte al adjetivo que precede en un antónimo. *Das Unheimliche* es una sensación perturbadora ante algo que es y no es familiar al mismo tiempo, que se parece mucho a algo que conocemos bien, pero en lo que existe una sombra, un ángulo que nos causa zozobra, cierta ansiedad sin que sepamos muy bien explicar el por qué.

A veces lo traducen como tenebroso, lúgubre, inhóspito, perturbador, alienante, extraño, desconocido, desorientador, siniestro... pero ninguna de esas palabras consigue transmitir realmente toda la carga del significado original, es simplemente *Unheimliche*. Lo voy a emplear como «ominoso» o «inquietante», con todas las reservas. Y es que, algo siniestro que no fuese inquietante, o algo extraño pero no ominoso, no sería propiamente *Unheimliche*, pues es fundamental que genere dentro de nosotros una sensación, un desasosiego.

Sigmund Freud tiene un ensayo titulado precisamente *Das Unheimliche*, traducido frecuentemente como *Lo Ominoso*. Freud comienza dando unas explicaciones un tanto laberínticas pidiendo excusas por acercarse a una cuestión «estética», indicando al mismo tiempo que *«el psicoanalista trabaja en otros estratos de la vida anímica»*. Refiere que él mismo raramente ha experimentado lo inquietante: *«el autor de este nuevo ensayo [se refiere a sí mismo] tiene que revelar su particu-*

Cartel anunciador de la cinta *El hombre elefante*, de Paramount Pictures. La película se rodó en Londres en 1980, inspirándose en la vida de Joseph Merrick, famoso por las terribles deformaciones que tenía en su cuerpo y especialmente en su rostro debido al síndrome de Proteus. Pasó la mayor parte de su vida en el circo siendo exhibido en ferias. Murió en 1890, tenía solo 27 años.

lar embotamiento en esta materia» y busca distinguir lo que es *Unheimliche* de lo que simplemente produce miedo. A continuación, como he hecho yo a la hora de escribir este texto, busca en diccionarios de otras lenguas para intentar definir este término propio de la lengua alemana. Sin embargo, dicha búsqueda no le lleva a ninguna parte:

> *Los diccionarios a los que recurrimos no nos dicen nada nuevo, quizá sólo por el hecho de que somos extranjeros en esas lenguas. Y hasta tenemos la impresión de que muchas de ellas carecen de una palabra para este particular matiz de lo terrorífico.*

Tras este estudio semántico del adjetivo *heimlich* y de su antónimo *unheimlich*, Freud los relaciona a continuación con aspectos literarios, en particular con la obra de E.T.A. Hoffmann, a quien denomina *«maestro sin igual»* a la hora de evocar esa sensación incómoda. Si escribiera en nuestra época, casi cien años después, pienso que los referentes de Freud serían cinematográficos y coincido con Pablo Maurette en que David Lynch es un magnífico candidato para ser en nuestra época el maestro de lo *Unheimliche*. Maurette recuerda que en *Eraserhead* (1977) el director hace una sátira onírica y grotesca de una familia normal que engendra un monstruo. En *El hombre elefante* (1980) recorremos el camino inverso y es la sociedad la que muestra sus taras ante un ser de aspecto deforme pero pleno de inteligencia y bondad. El «malo» de *Terciopelo Azul* (1986), en una actuación memorable de Dennis Hopper, combina una perversidad execrable con momentos de ternura y lágrimas. Pero quizá la palma de lo *umheimliche* se la lleva *Twin Peaks*, con sus enanos y gigantes y con ese Leland Palmer, el padre asesino interpretado por Ray Wise, que oculto bajo la máscara del demonio Bob viola sistemáticamente a su hija Laura. Maurette lo dice muy bien en la revista Ñ: *«Nunca sabremos si Leland se vestía de Bob para violar a Laura o si Bob se vestía de Leland para ir a trabajar todos los días».* Das Unheimliche.

El fenómeno del doble ha sido tratado ampliamente en la literatura, el cine y la fenomenología psiquiátrica por su relación con lo ominoso y lo terrorífico. En la película de los ochenta *The shinning* (*El resplandor*), producida y dirigida por Stanley Kubrick e inspirada en la novela homónima de Stephen King, aparecen estas inquietantes gemelas en los pasillos del hotel Overlook, sus caras lo dicen todo... un *film* imprescindible [Warner Bros. Pictures].

Freud va desbrozando la relación de lo ominoso con cuestiones tales como el complejo de castración; los «dobles» —en el último episodio de *Twin Peaks* aparece un «doble» de Leland Palmer, quien había fallecido en su interrogatorio en comisaría—; la sensación al perderse en una ciudad o un bosque —tan típica de ese ambiente de miedo que recrean muchos cuentos de hadas—; las casualidades detrás de las que parece subyacer un *fatum* oculto, los presentimientos, las repeticiones obsesivas, el impacto de los pensamientos y los deseos que se cumplen inmediatamente o de las fuerzas que amenazan o dañan en secreto como en el «mal de ojo»; la inquietud ante los cadáveres, el regreso de los muertos, el entierro en vida, los miembros mutilados, las convulsiones, la locura... o incluso —ese clásico de las fijaciones freudianas— *«los genitales femeninos»*.

Freud escribe este ensayo en 1919, al poco de acabar la Primera Guerra Mundial, una época donde están muy abiertas todavía las cicatrices morales, sociales y psicológicas del conflicto bélico. Habla de lo «ominoso» como una experiencia para la mente humana que experimenta algo ya vivido pero que se encuentra reprimida, donde en algo familiar, muy cercano e interior hay algo que no encaja, un lugar recóndito y oscuro en el cual los dos términos teóricamente opuestos, se aproximan entre sí y el desasosiego surge precisamente de esa contradicción: lo más cercano (el hogar) y lo más lejano, lo incomprensible, lo inquietante. Es decir, es precisamente en la existencia de lo anormal dentro de lo normal donde se genera esa sensación inhóspita, algo que los psicoanalistas explican como causado por lo reprimido bajo la mente consciente, algo que nunca han conseguido demostrar. No es terror, es algo distinto, es una sensación inquietante de que, sin saber muy bien por qué, hay una pieza que no encaja, algo oculto que se nos escapa, es el coco que habita en el armario de nuestra mente, es ese vecino que lleva toda la vida en nuestro mismo edificio, que sonríe educadamente pero que tiene algo que no podemos explicar y nos agita interiormente.

Chucky, el muñeco diabólico, es el «adorable» protagonista de la saga de películas de terror para adolescentes *Child's Play*, creada por George Donald «Don» Mancini.

Sucede muy a menudo en la literatura y en el cine, el escritor o el guionista nos esconde un monstruo dentro del personaje más bondadoso, las cosas no son lo que parecen, las suposiciones del lector se derrumban, nuestra lógica es retada, nuestras intuiciones nos estaban traicionando, aparece el desconcierto, llega lo inquietante. El autor, de hecho, juega con nosotros, quiere generarnos esa sensación. Causar terror es demasiado simple y demasiado fácil y el buen escritor busca algo más sutil, quiere demostrarnos que el terreno que creíamos pisar no es firme, que el personaje tiene una historia oculta, que nuestras certezas son frágiles, que no podemos fiarnos de nuestra propia mente. Nuestro cerebro, el centro coordinador del lugar que ocupamos en el mundo, intenta colocarnos en un esquema estructurado, en un mundo comprensible y comprendido. En lo *Unheimliche* se siente inquieto, nuestras ideas, sentimientos e instintos son como piezas de un puzle que no encajan, algo está por cerrar.

Freud cita en su ensayo a un psiquiatra alemán, Ernst Anton Jentsch (1867-1919), que tiene una obra anterior titulada *Zur Psychologie des Unheimlichen* (Hacia la Psicología de lo Inquietante) que se publicó en dos separatas diferentes en el *Psychiatrisch-Neurologische Wochenschrift* 8(22) (25 de agosto de 1906): 195-198 y en el siguiente número 8(23) (1 de septiembre de 1906): 203-205. Jentsch utilizó este concepto para seres que están a medio camino entre lo vivo y lo no vivo y lo relacionó también con la literatura: «*Uno de los artificios más infalibles para producir efectos ominosos en el cuento literario consiste en dejar al lector en la incertidumbre sobre si una figura determinada que tiene ante sí es una persona o un autómata*». En la actualidad puede ser un robot, un zombi, un sosias o un famoso sometido a una avalancha de cirugías estéticas, sabemos quién es pero no parece él, ¿es alguien que se le intenta parecer? ¿es alguien peligroso y desconocido oculto bajo una máscara familiar? También nos pasa con comportamientos anómalos: si alguien sufre una convulsión o un trastorno mental, lo vivimos como algo ominoso, reconocemos a esa persona pero se comporta de una manera extraña y no

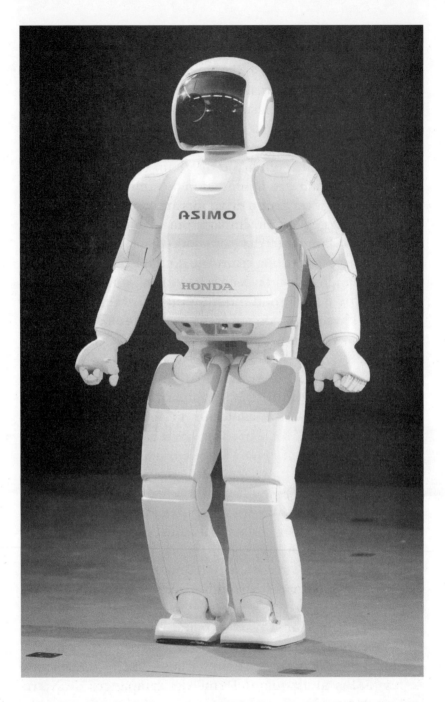

ASIMO, el robot humanoide creado por Honda se presenta a la audiencia española durante un congreso de robótica el 27 de septiembre de 2007 en Barcelona.

tratamos a los trastornos mentales como a las demás enfermedades y estigmatizamos a los pacientes. Pasa también con objetos: ese muñeco que imita demasiado bien a un bebé lo sentimos también inquietante, está demasiado bien hecho, no me gusta que se parezca tanto a un niño real aunque sepa que es de plástico.

Masahiro Mori, catedrático de robótica en el Instituto de Tecnología de Tokio publicó en 1970 un ensayo en la revista *Energy* donde analizaba la sensación de familiaridad y simpatía generada por un grupo de robots antropomorfos. El principal resultado es que la simpatía por el autómata se incrementa con el aumento del parecido con la figura humana hasta un punto cerca del realismo, donde lo que se produce es un fuerte descenso en las respuestas emocionales positivas y la aparición de sentimientos desagradables, ansiedad y repulsión. Si el parecido sigue aumentando y la semejanza con una persona es ya prácticamente total, la simpatía reaparece y aumenta con rapidez. A esa caída en la sensación subjetiva de comodidad, Mori lo llamó «*bukimi no tani*», un término que ahora se ha popularizado como el «Valle de lo Inquietante». Este concepto ha permeado a la filosofía, la psicología y al diseño industrial. Mori recomendaba a los diseñadores de robots no acercarse demasiado a ese «valle», no hacer autómatas que se pareciesen demasiado a un humano. Para él es mejor quedarse en un ASIMO, a medio camino entre un juguete y una persona, un robot cuyas dos principales características son su pequeño tamaño, 130 centímetros, y la ausencia de rostro.

El camino puede recorrerse en sentido inverso: podemos partir del humano e irlo modificando, añadiendo piezas artificiales como en *Robocop*, haciendo una mezcla hombre-máquina (*Terminator*), transformándolo en algo intermedio entre un hombre y un animal (*La Mosca*) o generar algo que le separe del resto de la Humanidad (de las mutaciones de los X-Men al aspecto deforme del campanero de Notre Dame). Al final lo que se ha visto es que si creamos personajes que son vagamente humanos como unos coches que tienen rostro (*Cars*) o un pato antropomorfo que habla y lleva pajarita, chaqueta y gorro de marinero —aunque el obispillo al aire— (Donald), sentimos simpatía por él. Del mismo modo, si dibujamos personajes realistas de una fidelidad casi fotográfica, también resulta atractivo para los espectadores, pero si nos movemos en algo cerca del límite como un robot que parece casi humano, pero no del todo, experimentamos rechazo y podemos responder con emociones básicas como la repulsión o la agresión. Me hace pensar en otro término alemán de difícil traducción: el *Doppelgänger*. Significa algo así como caminante doble y puede ser un sosias de una persona o lo que se llama el gemelo malvado. El *Doppelgänger* es también inquietante y para algunos, como Strindberg, anuncia la muerte del que le ve, y aparece en Dostoievski, en Cortázar, en Poe, en Saramago y en Andersen. Una vez más la fecunda conexión entre Literatura y Ciencia.

📖 PARA LEER MÁS:

- Freud S (1919) *Lo Ominoso*. http://www.damiantoro.com/frontEnd/images/objetos/LOOMINOSO.pdf
- Kageki N (2012) An Uncanny Mind: Masahiro Mori on the Uncanny Valley and Beyond. *IEEE Spectrum*.
- http://spectrum.ieee.org/automaton/robotics/humanoids/an-uncanny-mind-masahiro-mori-on-the-uncanny-valley
- Keanmay S (2014) Beyond the Damaged Brain. *The New York Times*. http://www.nytimes.com/2014/05/04/opinion/sunday/beyond-the-damaged-brain.html?emc=edit_tnt_20140509&nlid=60807250&tntemail0=y&_r=0
- http://art3idea.psu.edu/locus/Jentsch_uncanny.pdf
- Maurette P (2009) ¿Qué es lo siniestro? *Revista de Cultura Ñ*. http://edant.revistaenie.clarin.com/notas/2009/02/07/_-01854046.htm

Semmelweis

La verdad es que quería escribir sobre Ignaz Semmelweis. Mi problema era que Semmelweis es una figura clave en el ámbito de la Obstetricia y la salud pública pero tenía que encontrar cómo relacionarlo con la Neurociencia que, con toda la humildad y prudencia del mundo, es lo «mío».

Pero como las casualidades suceden, en un libro bastante pobre de historia de la Medicina comprado en un mercadillo de Salamanca leí lo siguiente: «*y Semmelweis murió a los 47 años ingresado en un hospital psiquiátrico*». Así que esa fue mi pista y hoy seguiremos el camino inverso, hablaré de su muerte, que es lo que tiene relación con la Neurociencia, y luego de su vida, explicando por qué un profesor decía en clase que las mujeres tenían que erigir una estatua a este húngaro en todas las maternidades del mundo.

Los últimos años de Semmelweis fueron terribles. Tuvo una depresión profunda y se le iba la cabeza. Los retratos que existen de él entre 1857 y 1864 muestran como envejece delante de nuestros ojos. Su trabajo se había convertido en su obsesión: solo hablaba de las fiebres puerperales —el puerperio es el período de días inmediatamente después de dar a luz— o fiebres postparto. En 1861 publica su obra más importante: *Die Ätiologie, der Begriff und die Prophylaxis des Kindbettfiebers* (*La etiología, el concepto y la profilaxis de las fiebres puerperales*) y las críticas fueron inmisericordes. Rugiendo de rabia, escribió una serie de cartas agresivas e insultantes a los principales obstetras de Europa, así como cartas abiertas dirigidas a todos sus colegas. Eran escritos llenos de desespe-

El médico húngaro Ignaz Philipp Semmelweis (1818-1865), impulsor de los procedimientos antisépticos que salvarían la vida de un incontable número de parturientas y neonatos.

ración, ira y amargura. Llamaba «asesinos» e «ignorantes» a sus críticos y pedía a sus lectores que organizaran reuniones nacionales de los especialistas para «*poder convertirles a todos a mi teoría*» o se quejaba amargamente de que la Universidad de Würzburg hubiera dado a un premio a una monografía que rechazaba sus enseñanzas.

Su salud empeoró. No estaba bien, avergonzaba a sus amigos y parientes, bebía sin medida y se alejaba de su familia pasando el tiempo en compañía de alguna prostituta. No sabemos qué le pasó: pudo ser un comienzo temprano de una enfermedad de Alzheimer, una indefensión aprendida, una neurosífilis o un proceso de agotamiento causado por el exceso de trabajo y el estrés que sufría. En 1865 la familia y su médico decidieron ingresarle en un manicomio. Le engañaron y le dijeron que Von Hebra, uno de los profesores con los que se había formado en Viena, había creado allí un nuevo instituto y que tenía que ir a verlo. Cuando se dio cuenta de la realidad, intentó marcharse. Los enfermeros del Irren-Anstalt —el manicomio— le dieron una brutal paliza, le pusieron una chaqueta de fuerza y le metieron en una celda de castigo en oscuridad. El tratamiento que le aplicaron los siguientes días fueron duchas de agua fría y laxantes. Murió dos semanas después, a la edad de 47 años, de una gangrena posiblemente causada por los golpes recibidos. Su autopsia encontró numerosas lesiones internas y la causa de la muerte fue diagnosticada como piemia, envenenamiento de la sangre, una posible septicemia.

¿Y quién era Semmelweis? Nació el 1 de julio de 1818 en Tabán, en el distrito de Buda, una de las dos ciudades que forman Budapest. Su padre había recibido permiso para abrir una tienda y montó un negocio llamado *Zum Weißen Elefanten* (Al Elefante Blanco) que es actualmente el Museo Semmelweis y que le convirtió en un hombre rico. Su hijo, nuestro protagonista, empezó a estudiar Derecho pero por razones que se desconocen se cambió a Medicina al año siguiente, obteniendo su doctorado en 1844.

Después de fracasar en su intento por conseguir un puesto de internista, decidió especializarse en Obstetricia.

El patólogo austriaco Karl Freiherr von Rokitansky (1804-1878),
[Litografía de Joseph Kriehuber, 1839].

Fue nombrado algo parecido a residente jefe en una de las dos clínicas obstétricas del Hospital General de Viena, uno de los centros de mayor prestigio del mundo en su época, un auténtico hospital universitario con grandes especialistas como el clínico Skoda y el anatomopatólogo Rokitansky. Las clases humildes de Viena decían, con humor negro, que eran muy afortunados pues en el Hospital General, Skoda les diagnosticaba y luego Rokitansky les hacía la autopsia. Tres médicos de este hospital ganarán el siguiente siglo el premio Nobel: Robert Bárány por sus estudios sobre el aparato vestibular, Karl Landsteiner por el descubrimiento de los grupos sanguíneos y Julius Wagner-Jauregg por la terapia malárica de la sífilis avanzada.

Semmelweis trabajaba en la Primera Clínica y se dio cuenta de que el nivel de mortandad en los partos era superior al 10 % mientras que el de la Segunda Clínica era inferior al 4 %; algunos meses las muertes en la Primera llegaban a ser diez veces más que en la Segunda. Semmelweis se encargaba de preparar las rondas del jefe del servicio, supervisar los partos difíciles, controlar la formación de los estudiantes de Medicina y llevar los registros y las estadísticas. Las dos maternidades se habían creado para acabar con los infanticidios de las clases populares —una salida común y terrible ante un embarazo no deseado— proporcionaban paritorios gratis y servían también para las prácticas de estudiantes y matronas. Eran parte del modelo sanitario más avanzado de la época, donde la atención del parto se traslada de casa a grandes hospitales públicos y los estudiantes de Medicina tratan enfermos, observan las autopsias y participan en todo el proceso de diagnóstico y tratamiento. Ambas clínicas recibían a las parturientas en días alternos pero la mala fama de la Primera era temible. Semmelweis contaba que alguna mujer se le puso de rodillas implorándole entre lágrimas que la ingresaran en la Segunda Clínica. También otras mujeres daban a luz voluntariamente en sus domicilios o en cualquier lugar e iban al hospital diciendo que habían parido durante el camino —los llamados partos en la calle— con objeto de recibir los beneficios de la clínica y no poner en riesgo la

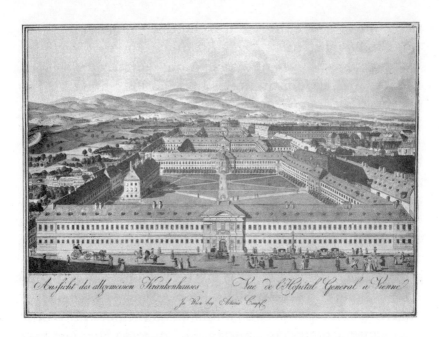

Vista general del antiguo Hospital General de Viena, 1784.

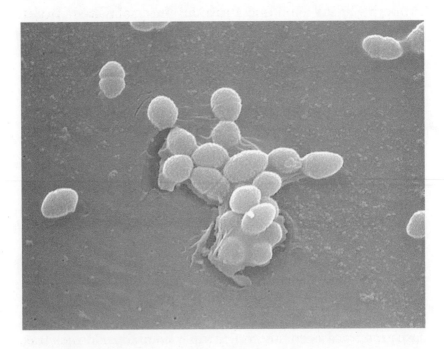

Micrografía electrónica de barrido de *Enterococcus faecalis*, uno de los agentes etiológicos de la fiebre puerperal [Centers for Disease Control and Prevention's Public Health Image Library (PHIL)].

vida suya y la de su hijo. Semmelweis se dio cuenta de que aquellas mujeres que daban a luz en la calle no sufrían fiebres puerperales y empezó a pensar qué protegía a aquellas que parían fuera del hospital. También estaba muy afectado porque la Primera Clínica, la suya, tuviera unos resultados tan malos frente a la Segunda, estadísticas que según decía *me hacían sentir tan miserable que la vida parecía un sinsentido*. Empezó un proceso meticuloso y detectivesco de ir comparando ambos centros, buscando con ahínco, mes tras mes, dónde podía estar la causa de aquella diferencia.

Semmelweis excluyó rápidamente el hacinamiento porque la Segunda Clínica, con mejor fama, siempre estaba mucho más llena que la primera y el clima pues era el mismo para las dos clínicas. Los médicos del hospital —hábiles para echar balones fuera— decían que el problema podía ser el pánico causado por la campanilla que hacía sonar el monaguillo que acompañaba al capellán que iba por las salas administrando el viático a las moribundas puesto que en la Primera Clínica tenía que atravesar cinco salas hasta llegar a la zona de enfermas con fiebres postparto y lo escuchaban muchas parturientas mientras que en la Segunda el acceso a la enfermería era directo. Semmelweis consigue del cura que no toquen la campanilla y aunque el terror disminuye, las infecciones no bajan. En la Segunda Clínica acostaban a las parturientas de costado mientras la costumbre en la Primera Clínica era hacerlo boca arriba. Hace cambiar la postura en la Primera Clínica pero tampoco hay mejoría en los resultados. Piensa entonces que sea un problema de aire viciado y manda modificar la ventilación pero de nuevo, no tiene éxito. Discurre entonces que la causa pueda ser la prescripción médica de poner a andar a las nuevas madres nada más terminar el parto pero cuando hace que las lleven a la sala para descansar, de nuevo no hay ninguna noticia positiva. Hay que imaginar a Semmelweis como un perro de presa, acorralando la causa de la enfermedad a pesar de sufrir fracaso tras fracaso en sus conjeturas y comparando mes tras mes las estadísticas de ambas maternidades. La principal diferencia era la gente que aprendía en cada una de las clíni-

El profesor de medicina forense del Hospital General de Viena Jakob
Kolletschka. Su muerte ayudaría a salvar muchas vidas
[Lithographie von Josef Kriehuber, 1844].

cas. En la Primera enseñaban a los estudiantes de Medicina mientras que en la Segunda formaban a las matronas pero precisamente por eso a la Primera iban los mejores profesores, se enseñaba mucho más, la formación era más completa y cualificada. Nada parecía tener sentido.

La respuesta le llegó de una manera trágica en 1847. De vuelta de unas vacaciones en Venecia, Semmelweis va a tomar posesión del puesto que ansiaba, ayudante de Obstetricia con un contrato por dos años. Sin embargo, su alegría es cortada de raíz por la noticia de la muerte de su amigo, el médico checo Jakob Kolletschka. La causa estaba clara, había sido pinchado accidentalmente por un estudiante con un escalpelo mientras estaban haciendo una autopsia, la herida se había infectado y finalmente había sufrido una septicemia. Así eran las cosas en esa época sin antibióticos. Cuando el propio Kolletschka es llevado a la sala de disecciones para su autopsia se encuentran una patología similar a la de las mujeres que están muriendo de fiebres puerperales: órganos afectados, bolsas de pus, olor fétido. Cuando Semmelweis lee este informe de la autopsia, establece inmediatamente una conexión entre las contaminaciones de los cadáveres y las fiebres puerperales y habla —hay que recordar que faltan años para que lleguen Pasteur, Lister y Koch y propongan la teoría de los gérmenes para explicar muchas enfermedades infecciosas— de que los médicos y los estudiantes que participan en las autopsias de las mujeres muertas tras las fiebres, cosa que no hacen las matronas, llevan «partículas cadavéricas» en sus manos y las esparcen entre las parturientas. La conclusión para Semmelweis es terrible: el asesino de todas aquellas madres y sus bebés es él mismo y sus colegas.

Semmelweis instaura una política de lavarse las manos tras tocar a los cadáveres y antes de examinar a las pacientes. Usa para eso una solución de lejía porque ha visto que es lo más eficaz para quitar el mal olor de la sala de autopsias y piensa que quizá destruye el «agente cadavérico». El resultado es que el nivel de mortandad rápidamente cae un 90 % en la Primera Clínica y se homologa al de la Segunda Clínica. El porcentaje de mortandad en abril de 1847 fue

Este cartel holandés animaba a la profilaxis con un buen lavado de manos:
«*El papel es bueno, pero el lavado de manos es mejor*».

del 18,3 % (casi una de cada 5 mujeres murieron tras sus partos). A mitad de mayo implanta el lavado de manos y los datos son de un 2,2 % en junio, un 1,2 % en julio y un 1,9 % en agosto. Tras reforzar las instrucciones incluyendo cosas como lavar también con lejía el instrumental quirúrgico, hubo dos meses al año siguiente con cero muertes.

Cualquiera pensaría que Semmelweis se convertiría inmediatamente en un héroe y su procedimiento se instauraría inmediatamente en todos los hospitales. Desgraciadamente la vida no tiene tantas historias con final feliz, no fue así. Por un lado, Semmelweis no podía dar una interpretación a sus resultados que eran, además, contrarios a los conocimientos de la época sobre la enfermedad, cuya principal causa se consideraba un desequilibrio entre los humores, las discrasias, que se trataban con sangrías y purgas. Intenta conseguir evidencias que apoyen su teoría y hace unos experimentos con conejos entre marzo y agosto de 1848. Los experimentos, mal diseñados, fueron de dos tipos; en los primeros introducía con un cepillo diversos fluidos en la vagina de conejas, en el segundo grupo lo introducía en el canal vaginal con una jeringa. Los fluidos escogidos incluían secreciones de cadáveres con diagnóstico de fiebre puerperal pero también otras enfermedades. Sus resultados fueron dispersos y discutibles de lo cual se aprovecharon sus detractores. Tampoco ayudó la aversión de Semmelweis a las publicaciones científicas y sus limitadas capacidades de explicarse claramente cuando lo hacía. Por otro lado, el 13 de mayo de 1848 los estudiantes de la Universidad de Viena organizan manifestaciones reclamando derechos civiles como juicios con jurado y libertad de expresión a lo que se suman los obreros de las barriadas. Dos días después, los tumultos se extienden a Hungría, parte del Imperio Austrohúngaro en esos momentos, que inicia una revolución contra el dominio de Austria y los Habsburgo. Semmelweis, húngaro, con un fuerte acento y de carácter difícil, pertenece a aquel pueblo de traidores. Aunque no se conoce su grado de implicación en el proceso revolucionario, deja súbitamente Viena y vuelve a Budapest sin despedirse de sus compañeros —cosa que no le perdonan—

donde consigue un mal puesto —sin sueldo— en el hospital de Saint Rochus. Allí también consigue eliminar la mortandad por fiebres puerperales pero a pesar de ello, el catedrático de Obstetricia de la Universidad de Pest, Ede Flórián Birly, nunca acepta sus métodos, continúa defendiendo que el problema es la suciedad del intestino y sigue empleando como tratamiento fuertes purgas.

Ya he relatado antes la enfermedad de Semmelweis y su muerte en Viena. Muy pocas personas asistieron a su entierro y aunque las normas de la Asociación Húngara de Médicos y Naturalistas especificaban que se daría un discurso conmemorativo en honor de cualquier miembro que muriese el año anterior, no se hizo para él. Tras el nombramiento de su sucesor, János Diescher, la ratio de mortandad volvió a multiplicarse un 600 % en la maternidad de Budapest hasta alcanzar un 6 %, pero nadie dijo nada. Solo muchos años después, con el desarrollo de la Microbiología, se entenderían las ideas de Semmelweis y se reconocería su enorme aportación.

A veces pensamos en estas historias como algo curioso, una anécdota del pasado y pensamos con arrogancia que ya nada de esto tiene que ver con nosotros. No es así. La sepsis es la causa de la muerte de unas 1400 personas al día. Muchas de estas infecciones tienen lugar en los hospitales por lo que se apellidan nosocomiales (un nosocomio es un hospital). Es la complicación más común de los pacientes hospitalizados con un 5-10 % de ellos sufriendo al menos una infección, lo que implica unos 2 millones de pacientes al año, unas 90 000 muertes y unos 5000 millones de dólares de gasto sanitario tan solo en los Estados Unidos. Evidentemente la situación es aún peor en los países en desarrollo. La principal causa de contagio, llamativamente, y esto igualmente en países ricos y en países pobres, sigue siendo el traspaso de la infección de un paciente a otro a través de las manos de los profesionales sanitarios. Si Semmelweis viera que en pleno siglo XXI solo se lavan las manos la mitad de las veces que deberían, los perseguiría a bastonazos, con razón, por todos los pasillos del hospital.

📖 PARA LEER MÁS:

- Arsuaga JL (2012) *El primer viaje de nuestra vida*. Temas de Hoy, Madrid.
- Ataman AD, Vatanoğlu-Lutz EE, Yıldırım G (2013) Medicine in stamps-Ignaz Semmelweis and Puerperal Fever. *J Turk Ger Gynecol Assoc* 14(1): 35-39.
- Salaverry García O (2013) Iatrogenia institucional y muerte materna. Semmelweis y la fiebre puerperal. *Rev Peru Med Exp Salud Pública* 30(3): 512-517.

Harvey Cushing e Ivan Petrovich Pavlov en 1929. Pavlov, el famoso fisiólogo ruso, visitó el laboratorio de Cushing para probar nuevas técnicas [Walter W. Boyd].

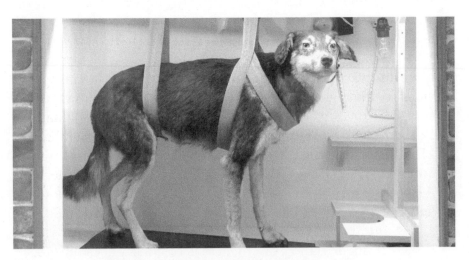

Uno de los perros naturalizados en el museo Pavlov
[Gilmanshin. Riazán, Rusia, 2018].

El trampero que alquiló su estómago

Mediante una serie de elegantes experimentos Pavlov demostró que el sistema nervioso era el centro rector de los procesos digestivos, generando un auténtico salto adelante en la fisiología de la alimentación. También alcanzó fama por sus experimentos sobre el «condicionamiento clásico» en el que mostraba que emparejando un estímulo neutro y condicional (una campana) con un estímulo incondicional (comida) los sujetos de la experimentación (perros) empezaban a salivar con el sonido de la campana aunque no hubiera comida. Este proceso, que se conoce popularmente como reflejo de Pavlov, se denominó entonces la «secreción psíquica».

Todos tenemos la imagen de Pavlov y sus perros salivando al oír una campanilla, pero, como él mismo indicó en el discurso de aceptación del premio Nobel, no era el primero que observaba la estimulación por parte del sistema nervioso tanto de glándulas salivares como de las glándulas gástricas. El investigador que tiene esa primacía fue William Beaumont (1785-1853), un cirujano militar asignado a Fort Mackinac, una fortificación situada en los estrechos que comunican los lagos Michigan y Hurón. A este cirujano le llevaron el 6 de junio de 1822 un trampero canadiense de la Compañía Americana de Pieles, Alexis St. Martin (1803-1886), que había recibido accidentalmente un tiro a corta distancia que le dañó gravemente las costillas y el estómago. Beaumont le curó las heridas de la perdigonada, le sangró,

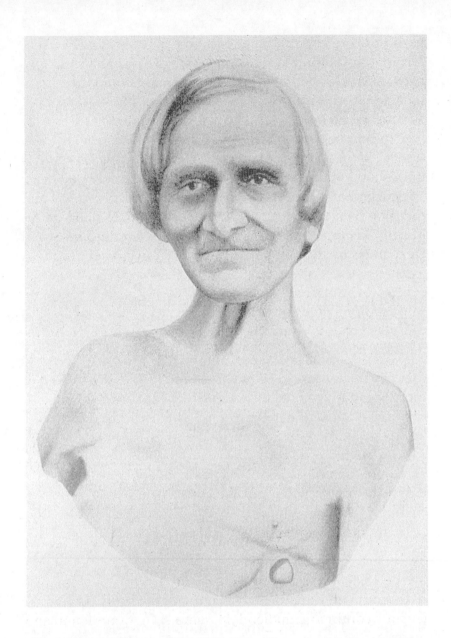

Alexis Bidagan St. Martin (1802-1880). Este retrato muestra la fístula gástrica provocada por un disparo accidental. St. Martin no solo conservó su vida, sino que además sirvió a la ciencia para conocer mejor los procesos digestivos.

le dio un catártico y fue anotando sus progresos. Durante diecisiete días todo lo que comía se salía por su fístula gástrica, pero al cabo de ese tiempo la comida empezó a mantenerse en su estómago y recuperó su motilidad intestinal, aunque pensó que moriría pocos días después.

A pesar de esos malos augurios, St. Martin sobrevivió sesenta y cuatro años más, pero con esa fístula en el estómago que nunca se cerró, lo que hizo que tuviera que dejar su trabajo en la American Fur Company. Como no hay mal que por bien no venga, Beaumont, que no se fiaba de St. Martin, lo empleó como sirviente con un contrato que indicaba que el médico podía estudiar el estómago del trampero y que éste tenía que acompañarle en sus viajes, recibiendo a cambio 147 dólares al año.

Beaumont empezó a investigar con su flamante empleado, una relación que continuó, con algunos paréntesis, durante décadas. Muchos de estos experimentos los realizó Beaumont atando un trozo de comida a un bramante y metiéndolo en el estómago de St. Martin. Cada pocas horas, Beaumont sacaba el pedazo de comida y examinaba su grado de digestión. También extraía y analizaba muestras de los jugos gástricos de St. Martin y probaba con ellos a disolver comida en pequeños recipientes. El resultado fue darse cuenta de que la digestión no era un proceso básicamente mecánico, una trituración como se creía hasta entonces, sino que se trataba de un proceso fundamentalmente químico, controlado por el sistema nervioso. De hecho, fue él quien demostró que el jugo gástrico contenía ácido clorhídrico. En septiembre de 1825, Alexis St. Martin se escapó del Dr. Beaumont y se escondió en Canadá pero Beaumont consiguió traerle de vuelta y continuó exhibiéndolo como si fuera un fenómeno de feria.

A lo largo de los años Beaumont puso en marcha toda una serie de experimentos que iban desde la observación de una digestión normal a modificar las condiciones para determinar los efectos de la temperatura, el ejercicio o incluso las emociones. Beaumont registraba en sus documentos las tareas que le encargaba a St. Martin: «*Durante este tiempo, en los intervalos de los experimentos, realizaba los debe-res de un sirviente común, cortar leña, llevar cosas, etc. con poco o ningún sufrimiento o molestia de su herida».* Aunque esas tareas no eran excesivas, algunos de los experimentos eran doloro-sos, como por ejemplo cuando Beaumont colocó bolsas de comida en el estómago del trampero. Beaumont anotó «*el chico se queja de dolor y dificultad en el pecho».* Otros síntomas que St. Martin notó durante los experimentos fueron una sensación pesada y de malestar en la fosa epigástrica, un vér-tigo ligero y visión borrosa. Beaumont también realizó un informe acerca de los efectos de diversos alimentos sobre el estómago y definió a las bebidas alcohólicas como causan-tes de la gastritis. Publicó sus resultados en 1838 en la obra titulada *Experimentos y observaciones sobre el jugo gástrico y la Fisiología de la Digestión* donde escribió que las secreciones de St. Martin aumentaban cuando pensaba en su comida favo-rita, algo que es un claro antecedente de la campanilla del camarada Pavlov y la secreción psíquica.

Beaumont describió 51 conclusiones de sus estudios que eran revolucionarias en su tiempo. Entre ellas estaba que los vegetales se digerían más lentamente que la carne, que la leche se coagulaba rápidamente en el proceso digestivo y que la digestión se facilitaba por un movimiento de agita-ción dentro del estómago. Su investigación sobre los jugos gástricos abrió una nueva etapa del conocimiento fisioló-gico. No solo confirmó la teoría de William Prout de que los jugos gástricos contenían ácido clorhídrico sino también describió que era secretado por el epitelio estomacal. No lo habría logrado sin Alexis St. Martin.

Finalmente los caminos de Beaumont y de St. Martin se separaron. Este último le escribió el 26 de junio de 1834 desde Berthier, Canadá negándose a volver con él. Beaumont fue destinado ese mismo año a los cuarteles de St. Louis en Missouri y fue nombrado tres años más tarde catedrático de Cirugía en la universidad de esta ciudad, dejando el ejército dos años más tarde, en 1839. Beaumont, que intentó repeti-das veces que St. Martin volviera con él y se trasladara a St. Louis, falleció en 1853.

Alexis St. Martin murió casi treinta años más tarde, en 1880. Su familia temía que su cadáver fuera robado por los médicos, porque querían hacerle la autopsia, así que retrasaron su entierro hasta que el cuerpo estuvo en descomposición. Está enterrado en el cementerio de la parroquia de Santo Tomás, en Joliette, Quebec, Canadá. Recordemos que Tomás era el discípulo que no creía en que Jesús hubiese resucitado y dijo «*si no meto mi mano en su costado, no creeré*». Me hace pensar en esa herida de Alexis St. Martin, en tantas cosas que se descubrieron sobre el control cerebral de la digestión, al meter cosas en su costado.

📖 PARA LEER MÁS:

- Green A (2010) Working ethics: William Beaumont, Alexis St. Martin, and medical research in antebellum America. *Bull Hist Med* 84(2): 193-216.
- Markel H (2009) Experiments and observations: how William Beaumont and Alexis St. Martin seized the moment of scientific progress. *JAMA* 302(7): 804-806.
- Sarr MG, Bass P, Woodward E (1991) The famous gastrocutaneous fistula of Alexis St. Martin. Why didn't it close? Or should we refer to it as a gastric stoma? *Dig Dis Sci* 36(10): 1345-1347.
- http://www.nobelprize.org/nobel_prizes/medicine/laureates/1904/pavlov-bio.html

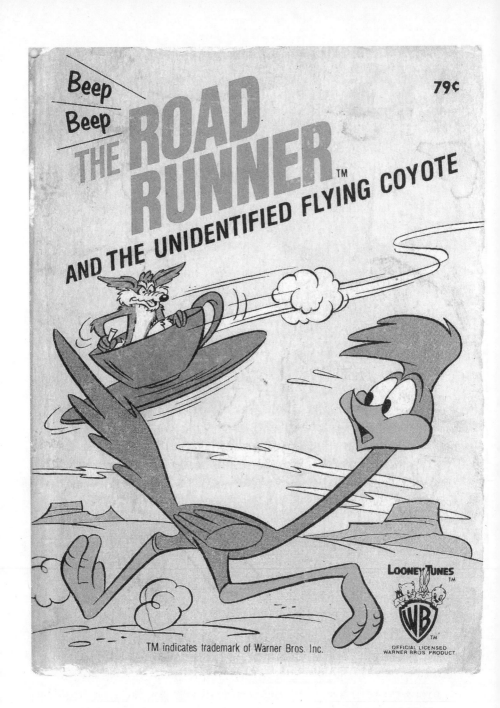

Si hay una pareja corredora —lo hacen sin parar ni un momento desde 1949—, es la que forman el Correcaminos y el Coyote (*Wile E. Coyote and the Road Runner*) en la inolvidable serie Looney Tunes, de la Warner Bros.

Correr para no envejecer

El envejecimiento causa alteraciones en la estructura y la función del cerebro iniciándose desde muy temprano, según algunos en torno a los 30 años, un proceso de pérdida de volumen, de atrofia cerebral. Los declives son especialmente importantes en la corteza prefrontal, moderados en la corteza temporal y leves en la región occipital. En las zonas subcorticales los mayores deterioros se observan en las regiones hipocampales y neoestriatales mientras que otras, como el globo pálido, apenas muestran alteraciones. Las regiones afectadas encajan con las funciones neurales que muestran un deterioro con la edad. Así, la corteza prefrontal interviene en la toma de decisiones o las funciones sensoriomotoras. Sorprendentemente cuando se estudió esta zona del cerebro se encontró lo contrario de lo que se esperaba: su nivel de activación era más alto de lo normal. Esta hiperactividad puede basarse en un incremento de la importancia del procesamiento cognitivo. Por ejemplo, en un adolescente muchos movimientos son casi instantáneos, parecen instintivos. Una persona mayor, por el contrario, piensa los pasos que va a dar, por miedo a tropezar o por cualquier otra razón. Estos procesos cognitivos llevan a un descenso en la velocidad de procesamiento de la información, a un retraso en los tiempos de respuesta y a una reducción de los recursos disponibles para procesar, almacenar y recuperar información. De hecho, a los 35 años ya no bajamos escaleras a esa velocidad vertiginosa con que lo hacíamos a los dieciocho y la carrera de un futbolista, por poner un ejemplo, va tocando a

El profesor Alan Gow, de la Universidad Heriot-Watt de Edimburgo, Escocia, durante una de sus charlas divulgativas.

su fin. Con respecto a la corteza temporal y a la región hipo-campal, otras dos regiones encefálicas alteradas gravemente por la edad, son fundamentales para la memoria, otra función neuronal afectada frecuentemente al ir sumando años.

A la hora de retener o ralentizar ese declive mental, hay un factor cuyos efectos positivos han sido demostrados en animales y en los seres humanos: el ejercicio físico. Se sabía que el ejercicio protege frente al cáncer, los problemas cardiovasculares, la diabetes, los trastornos del sueño y la depresión, ahora sabemos también que previene el envejecimiento cerebral. Alan Gow, de la Universidad Heriot-Watt de Edimburgo, ha mostrado que *«las personas que hacen más ejercicio, tienen menos atrofia cerebral, menos daño en las conexiones encefálicas y mayor volumen de la sustancia gris, donde están las células 'pensantes'».*

Los efectos positivos del deporte o un ejercicio moderado sobre la atrofia cerebral se ven ya en grupos de edad a partir de 38 años. El deporte promueve la angiogénesis (la formación de nuevos vasos sanguíneos), la neurogénesis (la formación de nuevas neuronas) y la sinaptogénesis (la formación de nuevos contactos sinápticos). También se ha visto que modula los niveles centrales y periféricos de algunas moléculas clave como las neurotrofinas. El ejercicio físico también induce cambios estructurales y funcionales en distintas regiones encefálicas, tal y como se puede ver con técnicas de neuroimagen. Además, a través de la liberación de acetilcolina por el sistema colinérgico se puede incrementar el riego cerebral —evitando quizá los problemas cerebrales causados por microinfartos o isquemia—, impulsar la activación neural y quizá disminuir los efectos del beta amiloide, una sustancia clave en la progresión de la enfermedad de Alzheimer. También puede afectar al metabolismo de las grasas en el cerebro y reducir la neuroinflamación. Cualquiera de estos aspectos, o una combinación de ellos, puede ser responsable del efecto positivo del deporte sobre la estructura cerebral y la función mental. En cualquier caso, las evidencias disponibles indican que el deporte puede ser uno de los tratamientos más efectivos contra el envejecimiento cerebral.

Los 5 000 metros en los Juegos Olímpicos de Lodres en 1948.
Emil Zátopek seguido de Erik Ahldén [Comité Olímpico Sueco].

Emil Zátopek (19 septiembre de 1922 - 22 de noviembre de 2000) es el mejor corredor de todos los tiempos. No lo digo solo yo, fue así elegido por la revista *Runner's World Magazine* en competición con otros deportistas geniales como Paavo Nurmi —el finlandés volante— Jesse Owens —el negro que humilló a Hitler en los Juegos Olímpicos de Berlín— o Abebe Bikila, que ganó dos medallas de oro en dos maratones olímpicos corriendo el primero con los pies descalzos. Lo curioso es que este checo se inició en el atletismo casi sin querer. La fábrica de calzado Bata donde trabajaba desde los 16 años organizaba una carrera anual. *«El entrenador* —contaba Zátopek— *que era muy estricto, nos señaló a cuatro muchachos, incluido yo y nos ordenó correr. Protesté de que era débil y no estaba en forma pero el entrenador me mandó a realizar un examen médico y el doctor dijo que estaba perfectamente. Así que tuve que correr y cuando empecé, me di cuenta de que quería ganar. Pero solo llegué segundo. Ahí fue donde empezó todo».*

En 1944 Zátopek barrió los récords checoslovacos de 2000, 3000 y 5000 metros. Al terminar la Segunda Guerra Mundial ingresó en el ejército, lo que le dio la estabilidad económica imprescindible para continuar con su durísimo sistema de entrenamientos. Empezó a entrenar por la noche, calzado con sus botas militares y empleando una linterna. Hacía movimientos de carrera metido en su bañera y se ponía un plomo de 2 kg en cada pie para montar durante horas en bicicleta. Para aumentar la capacidad pulmonar, corría aguantando la respiración. En una ocasión forzó tanto, que cayó desmayado. Desarrolló el entrenamiento por intervalos, la técnica que usan ahora todos los corredores de élite. En vez de hacer carreras de 10000 metros para preparar esa distancia, que era lo que se hacía entonces, corría cinco series de 200 metros, 20 series de 400 metros, cinco más de 200 metros a alta velocidad, con un trote de un minuto entre cada tanda y aumentando progresivamente el número de series. Él decía: *«¿Para qué practicar a correr lento? ya sé correr lento. Yo lo que quiero es aprender a correr rápido».*

La hazaña más famosa de Zátopek se produjo en los Juegos Olímpicos de Helsinki (1952). Tras ganar las meda-

Escultura de Emil Zátopek en el parque olímpico, junto a la orilla
del lago Leman, Lausana, noviembre de 2016 [Victor Kiev].

llas de oro en 5000 y 10 000 metros y batir los récords olímpicos en ambas distancias decidió en el último momento correr también la maratón, una prueba que nunca había disputado antes y ganó el oro también, y además batió el récord olímpico. Nadie ha ganado jamás, ni antes ni después, esas tres medallas en la misma olimpiada. Su esposa Dana Zátopková (que nació el mismo día y año que su esposo) era también una gran atleta, una magnífica lanzadora de jabalina. Cuando ella ganó la medalla de oro en esos mismos Juegos, pocos momentos después de la victoria de Emil en los 5 000 metros, él dijo en la conferencia de prensa en la que ambos comparecieron que su victoria en los 5 kilómetros le había «inspirado» a ella. Dana, indignada, le contestó «*¿Sí? Muy bien, pues vete a inspirar a cualquier otra chica a ver si lanza la jabalina cincuenta metros*».

Para correr la maratón, Zátopek decidió seguir a Jim Peters, que era el récordman mundial y el gran favorito en la carrera. Cuando llevaban 15 kilómetros y Peters sabía que había forzado demasiado, Zátopek le preguntó:

—Jim ¿vamos demasiado rápido?

—No —dijo Peters— vamos muy lentos.

Así que Zátopek subió el ritmo, Peters no pudo seguirle pues las piernas se le empezaron a acalambrar y tuvo que abandonar. Zátopek ganó con casi un kilómetro de diferencia sobre el segundo clasificado y aunque el equipo de 4 x 400 de Jamaica le paseó a hombros por el estadio, decidió finalizar su etapa de maratoniano: «*es una carrera muy aburrida*» dijo. Aún así dijo «*si quieres ganar algo, corre los cien metros; si quieres sentir algo, corre la maratón*».

Zátopek tenía un aspecto desastroso cuando corría, resoplaba sin parar —le llamaban la locomotora humana— movía la cabeza de un lado a otro y su cara era una mueca de sufrimiento mientras su torso oscilaba de un lado u otro. Cuando le preguntaban por su expresión de dolor decía «*esto no es gimnasia o patinaje sobre hielo, sabes*» y también lo explicaba diciendo que «*no tengo suficiente talento para correr y sonreír al mismo tiempo*». Eso no le impidió batir dieciocho récords del mundo durante sus diecisiete años como corredor.

Zátopek era divertido y honesto, hablaba nueve idiomas y en todos con un magnífico sentido del humor. Fue una figura relevante del Partido comunista checo pero apoyó la Primavera de Praga, los cambios reformistas del gobierno de Alexander Dubcek en Checoslovaquia y cuando los carros de combate del Pacto de Varsovia aplastaron el proceso aperturista, el nuevo régimen instalado por los soviéticos le degradó del ejército, le expulsó del partido y le hizo trabajar cavando pozos o de barrendero. Para vergüenza de los mandatarios, la gente le reconocía por la calle, le abrazaba, le llevaba el cubo y le limpiaban la calle que le tocaba barrer. Fue incluso más querido de lo mucho que lo había sido siempre. Fue rehabilitado el 9 de marzo de 1990 por el presidente Václav Havel, que también había sido preso político.

Zátopek dejó prácticamente de correr al terminar su carrera deportiva pero otros excorredores siguen teniendo una alta actividad física. El caso más llamativo puede ser el de Ed Whitlock, quien a los 80 años corrió la maratón en 3:25:04, y su mejor marca, 2:54, la consiguió a los 73.

Esta claro que a muchos humanos nos gusta correr. No correr para capturar una pieza de caza o porque necesita-

El incombustible Ed Whitlock (1931-2017) se ata los cordones de su calzado deportivo antes de salir a correr [D. Calabrese].

mos llegar a un sitio lo antes posible, correr por correr, por sentir nuestros pies golpeando el suelo de una forma regular, por notar nuestros músculos contrayéndose y distendiéndose como una máquina bien engrasada, correr por disfrute, por placer. ¿Y sucede algo parecido en el mundo animal? La respuesta parece ser que es sí. Konrad Lorenz en una carta mencionaba, una única frase, que se le habían escapado algunas de las ratas que tenía en jaulas y que volvían al jardín a usar las ruedas que allí tenía, esos artilugios parecidos a los que se ponen en la jaula de un hámster. Un experimento reciente ha comprobado si algo así sucede en un entorno natural. La Dra. Johanna H. Meijer y el Dr. Yuri Robbers, de la Universidad de Leiden, colocaron unas ruedas giratorias en el campo y pusieron unas cámaras web y sensores de movimiento para detectar si algún animal se acercaba a ellas. También colocaron cerca un plato con comida para atraer a los animales a esa zona. Tras varios años de trabajo y reunir y revisar 12 000 videos pudieron comprobar la llegada de animales que subían *de motu proprio* a las ruedas, corrían como locos de uno a dieciocho minutos, bajaban y volvían a subir otra vez. Los ratones fueron los animales más comunes (88 %) en darse unas carreras en la rueda, pero también la usaron ratas, musarañas, ranas e incluso algunos caracoles y babosas. Parece que esos animales tenían, al igual que nosotros, una motivación intrínseca para estar activos, para hacer ejercicio, para correr. Quizá basta con fijarnos en los niños y ver como en un parque, corren felices de un lado a otro, se persiguen, eso que dicen todos los padres de que «*no paran quietos*». Usando estas ruedas se ha visto que en una noche un hámster puede correr 9 km, una rata 43 km, un ratón de campo 31 km y un ratón de laboratorio, 16 km; y pueden hacerlo seguido o bajarse y al poco tiempo volverse a subir. Correr en la rueda no era, por tanto, como algunos decían el comportamiento psicótico de un animal encerrado en un espacio reducido, sino que parece evidentemente ligado a un comportamiento de recompensa, al circuito del placer y no es un proceso impulsado por el estrés o la ansiedad, más bien un ejercicio voluntario y lúdico.

Otro aspecto interesante del estudio es que, como entre nosotros, hay también diferencias individuales sobre la actividad física. Algunos ratones subían una y otra vez a la rueda mientras que otros la ignoraban, quizá la miraban con respeto, desagrado o indiferencia. Podemos imaginar sin mucho esfuerzo ratones corriendo en la rueda tomando bebidas isotónicas, sudando la camiseta e intentando batir algún récord mientras otros tumbados en una zona con hierba se atusan los bigotes y les miran con espanto. Parece ser algo innato, genético, pues se pueden seleccionar estirpes de ratas a las que no les guste correr y otras que sí y hay muchas personas para las que salir a correr es una parte esencial de los placeres de su vida diaria mientras que para otros sería un castigo de primer nivel. Así que, por lo que sabemos, hay ratones zátopek y otros que ni se les pasa por la cabeza o, quizá, es que algunos no quieren que su cerebro se atrofie y saben que el ejercicio físico ayuda.

📖 PARA LEER MÁS:

- Berchicci M, Lucci G, Di Russo F (2013) Benefits of physical exercise on the aging brain: the role of the prefrontal cortex. *J Gerontol A Biol Sci Med Sci.* 68(11): 1337-1341.
- Litsky F (2000) Emil Zátopek, 78, Ungainly Running Star, Dies, *New York Times.* 23 de noviembre. http://www.nytimes.com/2000/11/23/sports/emil-Zátopek-78-ungainly-running-star-dies.html
- Meijer JH, Robbers Y (2014) Wheel running in the wild. *Proc Biol Sci* 281(1786). pii: 20140210.
- Smith JC, Nielson KA, Woodard JL, Seidenberg M, Durgerian S, Hazlett KE, Figueroa CM, Kandah CC, Kay CD, Matthews MA, Rao SM (2014) Physical activity reduces hippocampal atrophy in elders at genetic risk for Alzheimer's disease. *Front Aging Neurosci* 6: 61.
- http://www.mundodeportivo.com/20131029/emil-zatopek-la-locomotora-humana_54391076447.html
- http://www.runnersworld.com/fun/who-greatest-runner-all-time
- http://rw.runnersworld.com/pdf/groat.pdf

Primer saque en el Mundial de fútbol

La tarde-noche del 12 de junio de 2014, cuando miles de millones de personas estaban pendientes de la inauguración del Mundial en Brasil, se produjo un hito de la Neurociencia. El saque de honor, la patada inicial al balón, la hizo una persona paralizada. Este hombre llevaba un exoesqueleto robótico controlado desde el cerebro y denominado Walk Again (Vuelve a caminar). El aparato fue diseñado y construido por un equipo internacional en el que participaron el Centro de Neuroingeniería de la Universidad de Duke, la Technical University de Múnich, el Swiss Federal Institute of Technology en Lausanne, la Universidad de California Davis, la Universidad de Kentucky, el The Duke immersive Virtual Environment y el Instituto Internacional de Neurociencia Edmond y Lilly Safra de Natal, Brasil.

Los exoesqueletos, y podemos acordarnos de la película *Avatar* o de Ripley peleando contra Alien, surgieron como un proyecto militar destinado a que los soldados pudieran llevar cargas pesadas y se movieran con más rapidez. La apuesta inicial fue de DARPA, la agencia de investigación en Defensa que, a pesar de esa imagen de trabajar en el lado oscuro, ha sido clave en el desarrollo de cosas como internet o el GPS. En la actualidad, y es algo mucho más ilusionante que encontrar nuevas formas de matar, buscan permitir que las personas salgan de su silla de ruedas y vuelvan a estar erguidos y a caminar.

Junto al Walk Again hay otros exoesqueletos como el Ekso de Ekso Bionics que pasó ya de la fase de prototipo al desarrollo comercial y se ofrece a hospitales y centros de rehabilitación. Una versión personal salió al mercado en 2014.

El desarrollo de exoesqueletos ha tenido que ir superando distintos problemas: el primero era trasladar todo el peso a la base, a los «pies» de forma que no cayera sobre los hombros de la persona que controla el aparato. Un segundo problema era tener un armazón lo más resistente y ligero posible, un esqueleto metálico que actúe como un equivalente de nuestro sistema óseo. El tercero era la movilidad: normalmente llevan cuatro motores eléctricos, mientras que las prótesis más sofisticadas usan uno. El cuarto es conocer en tiempo real la situación del exoesqueleto, lo que hacen los órganos de nuestros músculos y tendones que informan al cerebro del estado de distensión o contracción de los músculos y eso se ha conseguido con distintos sensores que informan de las

Brasil, 12 de junio de 2014. El saque de honor del Mundial de fútbol efectuado gracias al exoesqueleto robótico controlado desde el cerebro y denominado Walk Again (Vuelve a caminar).

cargas relativas en cada punto de articulación. Pero el reto fundamental, el decisivo, era el modo de dar órdenes, el sistema de control.

Los investigadores del Walk Again usaron sensores flexibles y del grosor de un pelo, los llamados *«microwires»* y los probaron implantándolos en encéfalos de ratas y monos. Estos electrodos pueden detectar señales eléctricas generadas por las neuronas de las cortezas parietal y frontal, donde están los circuitos nerviosos encargados de los movimientos voluntarios.

El muchacho que pegó la patada tenía un casco con sensores comparables a los que se usan en un electroencefalograma, que permitían detectar la actividad cerebral sin tener que implantar electrodos en el cerebro y, por tanto, de forma no invasiva. La Sra. Lily Safra, presidenta de la Fundación Filantrópica Edmond J. Safra declaró:

> *Ese saque de honor demuestra el impresionante progreso conseguido en nuestra comprensión del cerebro y en nuestra habilidad para superar los obstáculos de la enfermedad. Pero todavía queda mucho por hacer. La investigación en Neurociencia por todo el mundo debe poder contar con un apoyo estable, tanto público como privado, de forma que la cura de las enfermedades neurodegenerativas se pueda encontrar rápidamente.*

El tema de los exoesqueletos no para de mejorar e innovar, consiguiendo nuevas funcionalidades y abriendo nuevas perspectivas. En el ámbito médico los exoesqueletos pueden mejorar la calidad de vida de personas que han perdido la capacidad de utilizar las piernas y generar un sistema cibernético de asistencia que les permita volver a caminar. Pueden ayudar también en la rehabilitación de pacientes que han sufrido un derrame cerebral o han tenido una lesión de la médula espinal. Entre los exoesqueletos, también llamados robots de rehabilitación del paso, están el exoesqueleto LOPES, Lokomat, UniExo, GAIT-ESBiRRO, y HAL 5. El Esko GT, fabricado por Esko Bionics de Richmond California, es el primero que ha recibido la aprobación de la FDA, la Agencia de Alimentos y Medicamentos de los Estados Unidos. Dentro

No hay franquicia que se precie en Hollywood sin sus figuras de acción o sus reproducciones de alta calidad para los seguidores de las sagas. En la imagen, el impresionante exoesqueleto AMP SUIT (*Amplified Mobility Platform*) de *Avatar*. El traje se usa ampliamente en las colonias de la Luna y Marte (donde funcionan con pilas de combustible y/o turbinas cerámicas monopropelentes). Sus capacidades han demostrado ser muy útiles en el entorno hostil de Pandora.

del ámbito médico también se están usando los exoesqueletos para avanzar en la cirugía de precisión y para ayudar al personal de enfermería para mover pacientes de alto peso.

Los exoesqueletos militares buscan disminuir la fatiga e incrementar la productividad de los soldados. El modelo ONYX de Lockheed Martin se utiliza como un refuerzo de las rodillas para tareas que pueden causar lesiones tales como atravesar terreno muy accidentado. También se está trabajando en el desarrollo de modelos para bomberos que permitan subir escaleras llevando cargas pesadas.

En el ámbito industrial la idea es proteger a los obreros de un desgaste físico debido a tareas como levantar pesos, realizar movimientos repetitivos o mantener posturas poco ergonómicas. Los trabajadores de cierta edad son especialmente sensibles a las enfermedades musculoesqueléticas y este campo, lo que se conoce como robótica portátil, tiene la posibilidad de reducir el esfuerzo físico y disminuir la frecuencia de las lesiones.

España también participa en esta investigación. El Hospital Niño Jesús de Madrid, en colaboración con el Consejo Superior de Investigaciones Científicas (CSIC), ha desarrollado un nuevo exoesqueleto para niños con parálisis cerebral que les ayuda a caminar más erguidos y a tener mayor fluidez de movimiento. Su gran novedad es un casco que detecta la actividad eléctrica del cerebro cuando se quiere andar y activa los motores del robot en consecuencia. Por el momento, se ha probado en algunos niños en el centro madrileño, y ahora se pretende evaluarlo en otros 120 para recoger más datos y evaluar su eficiencia.

No es un proceso fácil. El sistema de control de músculos y huesos que realiza el sistema nervioso tiene una calidad espectacular y no es fácil de imitar con nuestros materiales industriales, pero es un camino en el que el futuro ya está aquí. Así que cuando todo el mundo estaba pensando en fútbol, un poquito de Neurociencia se coló por las pantallas contándonos que el avance de la Ciencia y no ganar un Mundial, es lo más importante que existe para la Humanidad. Y dicho esto, que gane siempre la Roja.

📖 PARA LEER MÁS:

- http://edition.cnn.com/2013/03/13/tech/innovation/original-ideas-exoskeleton/index.html
- http://globenewswire.com/news-rele ase/2014/06/11/643502/10085437/en/Edmond-J-Safra-Philanthropic-Foundation-Neuroscience-Breakthrough-Featured-June-12-at-2014-FIFA-World-Cup-Brazil-Kick-Off. html?utm_medium=referral&utm_source=t.co#sthash. kIqtLF0I.dpuf
- https://www.hoy.es/sociedad/salud/investigacion/desarrolla-exoesqueleto-ninos-20190703142432-ntrc.html

Cría cuervos

Los cuervos son los pájaros o aves paseriformes más grandes que existen. Son también, sin duda, una de las especies de aves más inteligentes y que tienen, para su tamaño corporal, uno de los cerebros más grandes. Para estudiar los cuervos, los ornitólogos los capturan utilizando finas mallas de nylon, las llamadas redes japonesas. Una vez atrapado, el pájaro puede ser examinado, medido y anillado. Además de anotar la longitud y el peso, los investigadores se fijan en las plumas y en la osificación del cráneo, datos que les ayudan a estimar la edad y la salud del animal. Además, pueden extraerles sangre para determinar sus niveles hormonales, la genética y relaciones de parentesco o la presencia de parásitos, anticuerpos u organismos infecciosos. Evidentemente, al cuervo que sea no le hace mucha gracia este proceso y muchos ornitólogos piensan que las aves recuerdan el mal rato que han pasado, son mucho más precavidas y más difíciles de coger en ocasiones futuras y reconocen quién ha sido el culpable de ese trato tan denigrante.

Para evitar esa supuesta animadversión de los córvidos, Konrad Lorenz, cuando trabajaba con urracas, se ponía un disfraz de demonio. Stacia Backensto, otra investigadora que estudia los cuervos en los campos petrolíferos de Alaska, se ha confeccionado un traje con un pico falso y una barriga hecha de cojines para confundir a los cuervos pues está convencida de que recuerdan su cara y su figura; y otro ornitólogo, Kevin J. McGowan, que ha estudiado cuervos durante veinte años, comentaba que había sido seguido regularmente por pájaros

El médico y etólogo Konrad Zacharias Lorenz (1903-1989), posando
con algunas de las aves con las que realizaba sus estudios.

La intrépida Stacia Backensto (National Park Service) en Alaska, donde
trabaja con cuervos para aprender sobre su comportamiento.

beneficiarios de algunos de los puñados de cacahuetes que había repartido entre ellos y había sido acosado y perseguido por otros que había atrapado en sus redes japonesas.

Realmente los cuervos tienen unas capacidades asombrosas y las usan en muy diversas facetas incluidas las siguientes:

— *Repertorio variable de comportamientos.* Si ponemos algo insólito, por ejemplo un «cheeto» en la acera, la mayoría de los animales lo engullirán o lo dejarán de lado. Un cuervo lo mirará un poco, le dará un picotazo, se apartará, lo probará otra vez y luego se lo comerá. Siempre están explorando lo que les rodea, actuando de maneras muy diferentes y viendo los riesgos y los éxitos.

— *Desplazamiento.* Los cuervos son una de las cuatro especies (junto a abejas, hormigas y seres humanos) capaces de comunicar a otros individuos información sobre objetos o sucesos que están lejanos en el tiempo o en el espacio. Los cuervos jóvenes buscan comida de forma individual durante el día y se juntan por la noche. Sin embargo, si uno descubre una carroña protegida por un pareja de cuervos adultos, al día siguiente aparece allí súbitamente una bandada de jóvenes cuervos y amenazan y expulsan a los anteriores propietarios. De alguna manera, el cuervo joven comunica a sus compañeros el hallazgo y les convence para que le sigan.

— *Resolución de problemas.* A un cuervo se le presentó un trozo de carne colgado de un hilo atado a la percha donde estaba posado el pájaro. Para conseguir la carne, el cuervo tenía que ir tirando de la cuerda con el pico, pisar cada segmento de cuerda que recogía y volver a agarrar la cuerda con el pico para ir acortando el hilo que estaba jalando trozo a trozo. Cuatro de los cinco cuervos a los que se puso la prueba tuvieron éxito, era evidente que no era un comportamiento innato y que no lo hacían por prueba y error sino que miraban el problema que tenían delante y encontraban

Dos individuos de *Corvus corax* fotografiados por Sergey
Ryzhkov y Piotr Krzeslak. Los cuervos jóvenes forman
vínculos sociales con otros de ambos sexos.

cómo solucionarlo. También son capaces de ir resolviendo una serie de pruebas consecutivas para obtener una recompensa.

— *Adaptabilidad.* Si un cuervo tiene problemas en una zona, por ejemplo un granjero que dispara cuando ve un pájaro negro, inmediatamente aprende y abandonará esa área. Además, todos los pájaros asociados con ése que ha tenido la mala experiencia harán lo mismo y evitarán volver a aparecer por allí. Esa capacidad de adaptación aumenta su supervivencia.

— *Redes sociales.* Los cuervos jóvenes forman vínculos sociales con otros pájaros similares de ambos sexos. Las relaciones macho-macho y macho-hembra suelen ser más compatibles y firmes que las relaciones hembra-hembra. Los cuervos ligados por estos vínculos sociales se reconcilian rápido tras un conflicto, cada uno apoya al otro activamente cuando tiene un conflicto con un tercero y se consuelan entre sí después de un enfrentamiento grave con otros. Estos vínculos sociales se recuerdan años después, cuando cada uno se ha convertido en un animal reproductor y territorial y son fundamentales para conseguir y mantener un estatus alto. Los cuervos se reúnen por la noche en grandes dormideros donde en algunos lugares llegan a juntarse más de un millón de individuos. Allí charlan y gritan y protestan y al parecer intercambian una cantidad ingente de información.

— *Manipulan a otras especies.* Si un cuervo encuentra el cadáver de un animal, aprovecha rápidamente todo lo que puede, pero si el animal está intacto y el cuervo apenas puede picotearlo se ha visto que consiguen atraer lobos o coyotes hasta aquella carroña. Los cánidos se llevan una buena parte del cadáver pero rompen la piel del animal haciendo que esas apetitosas tajadas sean más accesibles para los cuervos.

Oportunista como ningún otro, un cuervo se alimenta
en los restos de un zorro [Ondrej Prosicky].

— *Memoria espacial*. Se fijan donde esconden comida otros cuervos y recuerdan esos lugares para volver y saquearlos. Estos robos son tan comunes que muchas veces los cuervos se alejan considerablemente de la fuente de comida para intentar que los otros cuervos que están por los alrededores no vean dónde la esconde.

— *Engaño*. Algunos hacen como que están enterrando comida sin depositarla en ese escondrijo, presumiblemente para engañar al ladrón que le esté observando y llevarla luego a una segunda despensa, más segura.

— *Selección de objetos*. Los cuervos roban y almacenan objetos brillantes como grava de cuarzo o piezas metálicas. Una teoría es que lo hacen para impresionar a otros cuervos con sus tesoros. También se les ha visto muchas veces llevarse pelotas de golf, con el consiguiente enfado de los que están jugando, algo que se piensa que podría estar relacionado con su parecido con el huevo de un ave y el interés por esos objetos blancos, redondos y brillantes.

— *Juego*. Los cuervos jóvenes juegan entre sí. Se les ha visto deslizarse por una ladera nevada, aparentemente tan solo por diversión. También se les ha visto jugando a «agárrame si puedes» con otras especies como lobos, nutrias o perros. Igualmente, son capaces de hacer espectaculares acrobacias aéreas tales como hacer tirabuzones («*loops*») o unir las patas con otro en pleno vuelo. Se les ha visto columpiarse, bajar por toboganes y divertirse con los juegos infantiles de un parque. Además son de los pocos animales salvajes capaces de construir sus juguetes, como pequeñas ramitas que cortan y con las que interaccionan con otros individuos.

— *Lenguaje*. Tienen de quince a treinta graznidos diferentes, la mayoría se utilizan para la comunicación con otros cuervos y avisarles de peligros, comida, instrucciones de vuelo... Pueden imitar sonidos, incluida la

Un cuervo grazna al amanecer en el Parque Estatal Leo
Carrillo. Malibú, California [Martha Marks].

voz humana y se ha visto que cuando un miembro de una pareja desaparece, el compañero reproduce las llamadas de su pareja intentando conseguir su retorno.

El Dr. Marzluff y su grupo decidieron determinar científicamente si esa sospecha de los ornitólogos, que los cuervos recordaban las caras de las personas que les habían capturado era verdad o no, independientemente de la vestimenta, el estilo de andar y otras características individuales de los humanos. Para ello, el grupo de investigación utilizó dos máscaras de goma como las que venden en las tiendas de disfraces. Una de ellas era de un troglodita, se la ponía el que manipulaba al cuervo y el usuario era etiquetado como persona «peligrosa». La otra que servía como control era de Dick Cheney, vicepresidente de los Estados Unidos bajo la presidencia de George W. Bush que, en un arranque de generosidad teniendo en cuenta que fue el principal responsable de la Operación Tormenta del Desierto y centro de varios escándalos, fue calificada como «neutra». Los investigadores, usando la máscara «peligrosa» capturaron y anillaron siete cuervos en el campus de la universidad en Seattle.

Durante los siguientes meses, los investigadores y un grupo de voluntarios se pusieron las máscaras por el campus, caminando por caminos establecidos y haciendo caso omiso de los pájaros. Los cuervos parecían haber decidido: ni olvido ni perdón. Graznaban a la gente con la máscara peligrosa mucho más de lo que lo hacían antes de ser atrapados y mantenían esas protestas incluso si la máscara se disimulaba con un sombrero o se ponía al revés. La máscara neutra, por su lado, no generaba apenas reacción. Al cabo de dos años, el efecto no solo no se diluía sino que iba en aumento. El investigador principal del proyecto era graznado por 47 de los 53 cuervos que se encontró un día que se puso la máscara del cavernícola, mucho más de los que habían participado directamente en el experimento u observado las capturas iniciales. La hipótesis de los investigadores es que los cuervos aprenden a reconocer a los humanos amenazantes por información trasladada por sus padres o por otros individuos de su bandada.

John Marzluff, profesor de Ciencias de la Vida
Silvestre en la Universidad de Washington.

El siguiente experimento fue probar con unas máscaras más realistas. Usaron media docena de estudiantes como modelos y contrataron a un fabricante de máscaras. A continuación se pusieron la mitad de las máscaras y se dedicaron a capturar cuervos en varios lugares en Seattle y los alrededores. En el paso siguiente, repartieron una mezcla de máscaras «neutras» y «peligrosas» a un grupo de voluntarios, que no sabían si la máscara que llevaban era de un tipo u otro, encargándoles que las llevaran por los sitios donde habían capturado a los pájaros y anotaran la respuesta de los cuervos. Uno de los voluntarios, que llevaba una de las máscaras peligrosas, escribió en su cuaderno de campo *«los cuervos prepararon un verdadero escándalo, graznando de forma persistente. Estaba claro que no estaban enfadados con algo genérico, estaban enfadados conmigo»*.

De nuevo los cuervos graznaban mucho más a los observadores que llevaban la máscara peligrosa. Cuando se situaban en su proximidad personas con máscaras peligrosas y máscaras neutras, los pájaros prácticamente sin error se dedicaban a perseguir a los de la máscara peligrosa. En las zonas urbanas donde los transeúntes ignoran a los cuervos, los cabreados bichos casi se acercaban a picar a sus supuestos captores humanos. En las zonas rurales, donde se les considera ratas con alas, molestas y ruidosas y tienen más posibilidades de recibir un perdigonazo, los córvidos mostraban su enfado desde una distancia más segura.

Los investigadores también realizaron un escáner a los cuervos y comprobaron que las zonas que se activaban en su cerebro con la máscara peligrosa frente a la máscara neutra eran las áreas homólogas a las que se activan en humanos tras el recuerdo de una mala experiencia, en particular la amígdala, que procesa la memoria del miedo.

Hay muchos cuervos famosos en la literatura. El más conocido es el que da título al poema de Edgar Allan Poe, que a su vez parece inspirarse en Grip, otro cuervo parlante, éste descrito por Charles Dickens en *Barnaby Rudge: A Tale of the Riots of Eighty*. Pero por su relación con la Neurociencia me quedo con Huginn y Muninn, los dos cuervos que acom-

El apuesto Travis Fimmel, que encarna el personaje de Ragnar Lodbrok en la serie *Vikings*, luciendo el tatuaje de un cuervo simbólico en su cabeza.

pañan en la mitología nórdica al dios Odín. Huginn significa «pensamiento» y Muninn «memoria» o «mente». Los dos cuervos vuelan por todo el mundo y al final de la tarde retornan junto al dios y le cuentan lo que han visto. Para algunos autores, es la descripción simbólica de un proceso chamánico en el que el dios envía su pensamiento y su mente a un vuelo astral. La preocupación de Odín sobre el retorno de sus cuervos descrita en el *Grímnismál*, uno de los poemas mitológicos de la Edda, sería consistente con el peligro que el chamán siente durante el trance, al abandonar el cuerpo para realizar su viaje espiritual. Para otros autores, es una metáfora literaria de la simbiosis biológica ya que Odín, aún siendo el padre de todos los humanos y los dioses, muestra imperfecciones cuando adopta forma humana. No solo no tiene visión tridimensional (solo tiene un ojo) sino que se le olvidan las cosas y parece desorientado. La «mente» y la «memoria» que le aportan los dos cuervos se convierten así en partes complementarias de él. Pura neurociencia vikinga.

📖 PARA LEER MÁS:

- Braun A, Bugnyar T (2012) Social bonds and rank acquisition in raven nonbreeder aggregations. *Anim Behav* 84(6): 1507-1515.
- Heinrich B (1999) *Mind of the Raven: Investigations and Adventures with Wolf-Birds*. Cliff Street Books, Nueva York.
- Marzluff JM, Angell T (2005) *In the Company of Crows and Ravens*. Yale University Press, New Haven.
- Marzluff JM, Miyaoka R, Minoshima S, Cross DJ (2012) Brain imaging reveals neuronal circuitry underlying the crow's perception of human faces. *Proc Natl Acad Sci U S A* 109(39): 15912-15917.
- Marzluff JM, Walls J, Cornell HN, Withey JC, Craig DP (2010) Lasting recognition of threatening people by wild American crows. *Anim Behav* 79(3): 699–707.
- Nijhuis M (2008) Friend or Foe? Crows Never Forget a Face, It Seems. *The New York Times*. 25 de agosto. http://www.nytimes.com/2008/08/26/science/26crow.html?_r=0
- http://www.nuvo.net/indianapolis/hes-a-crow-man-john-marzluff-butler/Content?oid=2530644#.U4Er_kJ_vjI

Marilyn Monroe posa en una librería con un ejemplar de la novela *Big Brokers*, de Irving Shulman [André de Dienes].

Marilyn y los libros

Nació como Norma Jeane Mortenson, pero poco después su madre cambió el apellido paterno por el suyo, Baker; hizo de modelo bajo los nombres de Jean Norman y Mona Monroe pero su idea inicial para nombre artístico fue Jean Adair; firmó en algunos hoteles como Zelda Zonk y en una clínica psiquiátrica como Faye Miller y, finalmente, en 1956, adoptó oficialmente el nombre por el que todos la conocemos, Marilyn Monroe.

Su vida fue desgraciada a pesar del brillo de las revistas y el glamur del celuloide. De su infancia hay una escena que me sobrecoge. Su madre, Gladys Baker, tenía problemas mentales y no disponía de recursos, así que dejó a la pequeña Norma Jeane con una familia de acogida, Albert e Ida Bolender de Hawthorne, California. Un día Gladys apareció en casa de los Bolender reclamando que le devolvieran a la niña. Ida Bolender, viendo el aspecto desequilibrado de la madre, se negó y entonces Gladys sacó a Ida a empujones al jardín y entró a la carrera de nuevo en la casa cerrando la puerta tras ella. A los pocos minutos reapareció en el umbral arrastrando un macuto militar de Albert Bolender. Dentro había metido a la pequeña. Ida empezó a forcejear con ella y pudo abrir la cremallera y sacar a Norma Jeane que lloraba aterrorizada.

Cuando la niña tenía siete años Gladys compró una casa y recuperó a su hija. Desgraciadamente sus problemas mentales no mejoraron y Marilyn, en la biografía *Mi Historia,* recuerda a su madre gritando y riendo cuando la llevaban por la fuerza al Hospital Psiquiátrico de Norwalk. De ahí fue pasando por distintos hogares de acogida donde fue acosada sexualmente y quizá violada por los maridos, hijos y sobrinos de las mujeres que en teoría cuidaban de ella. Se casó a los 16 años en plena Segunda Guerra Mundial y al poco tiempo su marido se enroló en la Marina mercante y ella empezó a trabajar en una fábrica de municiones que participaba en el esfuerzo bélico. Un fotógrafo militar que fue allí a hacer unas fotos para mostrar a los soldados cómo las chicas les apoyaban trabajando le animó a inscribirse como modelo y allí inició una carrera meteórica que la llevaría a convertirse en una gran actriz y en la principal *sex symbol* del siglo xx.

Los problemas que tuvo Marilyn a lo largo de su vida: hipersexualidad, consumo de fármacos, insomnio, dificultades en las relaciones personales, pueden tener que ver con los problemas psiquiátricos de su madre y los distintos abusos que sufrió a lo largo de su vida. Explicó en una ocasión que su artista favorito era Goya y ello porque «*conozco a ese hombre muy bien, tenemos los mismos sueños. He tenido esos mismos sueños desde que era una niña*», los *Caprichos* del genial pintor aragonés.

Leer es una de las hazañas más llamativas del cerebro humano. Somos capaces de identificar una serie de trazos y transformar esas geometrías a una velocidad inaudita en ideas, emociones, memorias y pensamientos. Es algo llamativo porque leer requiere un nivel cognitivo muy profundo y al mismo tiempo es algo muy reciente en nuestra historia evolutiva, hasta hace pocos miles de años las palabras solo entraban en nuestro encéfalo a través de los oídos. Se piensa que nuestro cerebro usó capacidades ya establecidas para esa nueva tarea: así nuestro sistema visual de discriminación y reconocimiento de objetos se usó para la identificación de letras y palabras mientras que nuestra comprensión de sonidos se activó para el procesamiento fonológico de esas palabras, transfiriéndose ambas secuencias, los trazos en el soporte y las palabras como vocablos a un nivel encefálico superior donde se produce la comprensión lectora.

El código de la lectura es complejo, pues las mismas letras pueden representar sonidos diferentes en función de las letras que las rodean (las dos ces en cacería, por ejemplo), e interviene el orden, el contexto, los signos de puntuación y muchas cosas más. Así, nuestro cerebro debe analizar la representación fonológica de letras y las combinaciones de letras y signos y tener una memoria almacenada de esas combinaciones y sus sonidos correspondientes. Parece que distintas zonas cerebrales se encargan de estas cosas, algo que se ha podido comprobar mediante el estudio de lesiones cerebrales. Hay personas que tras un traumatismo o un tumor cerebral no consiguen leer una palabra desconocida o una combinación de letras sin sentido pero sí leen las palabras de uso común.

Parece que el lóbulo temporal superior se encarga de la lectura letra a letra, como hacemos cuando somos pequeños o con una palabra que nos cuesta —una fórmula química, por ejemplo— mientras que el lóbulo temporal inferior lee palabras completas de un golpe, lo que hacemos de adultos con los textos normales. Son también interesantes las diferencias entre lenguas: en el español y el alemán, hay una correspondencia muy alta entre letra y sonido, en el inglés es mucho más variado y una misma combinación como las palabras que terminan en -ough se pronuncia de manera totalmente diferente en diferentes palabras (*tough*, que suena aproximadamente, que no se quejen los filólogos y los anglófilos, como |taf|; *dough* |doʊ|; *through* |zru|; y *cough* |cof|) o en chino, donde no se pronuncian fonemas (unidades de sonido) sino morfemas (unidades de significado). Además, el chino es un lenguaje tonal donde el mismo fonema pronunciado en tonos distintos significa cosas diferentes. Así leer en voz alta en chino implica obligatoriamente hacer referencia a representaciones almacenadas en el cerebro sin que se puedan ir sumando los componentes de ese fonema hasta tener la palabra como hacemos los occidentales.

Hay tres áreas cerebrales que funcionan simultánea y coordinadamente para poder leer:

Marilyn Monroe leyendo *Ulysses*, el clásico de James Joyce
[Eve Arnold, Long Island, 1954].

— *El giro frontal anterior inferior izquierdo* es el «productor de fonemas» y se encarga de vocalizar las palabras, tanto en silencio como de viva voz. Descompone las palabras en fonemas y es especialmente activo en los primeros lectores, cuando vemos que van leyendo letra a letra o sílaba a sílaba.

— *El área parieto-temporal izquierda* es el «analizador de palabras», disecciona las palabras, las trocea en los fonemas y sílabas que las componen y las asocia a sus sonidos específicos.

— *El área occípito-temporal izquierda* es el «detector automático» y optimiza el proceso de reconocimiento de las palabras, haciéndolo a una velocidad cada vez mayor.

En los occidentales, como vemos, participa con cierta exclusividad el hemisferio izquierdo, mientras que en los orientales es un proceso más bilateral, con participación parcial del hemisferio derecho.

Aunque se considera que leer es una habilidad que todo el mundo puede alcanzar, hay psicólogos que piensan que leer es quizá lo más difícil que se enseña a los niños en el sistema educativo, por lo que no es de extrañar que haya pequeños con dificultades. No hay un consenso total y una minoría de investigadores discuten que exista una dislexia como una discapacidad de la lectura y piensan que distintas personas tienen un nivel lector diferente dentro de un amplio rango de normalidad por lo que, según ellos, deberíamos ser más prudentes a la hora de etiquetarlo como un problema o una discapacidad. Estos investigadores piensan que la lectura se entiende mejor como un talento, un don basado en la neurobiología que no todos reciben en la misma medida. Para ellos sería comparable a la música, donde asumimos con facilidad que hay personas que cerebralmente no tienen talento para la música, decimos que no tienen —tenemos— «oído» y habría personas que no tendrían del mismo modo un talento para los sonidos del lenguaje, lo que les dificultaría conectar con el código alfabético y tener buenos resultados en la lectura.

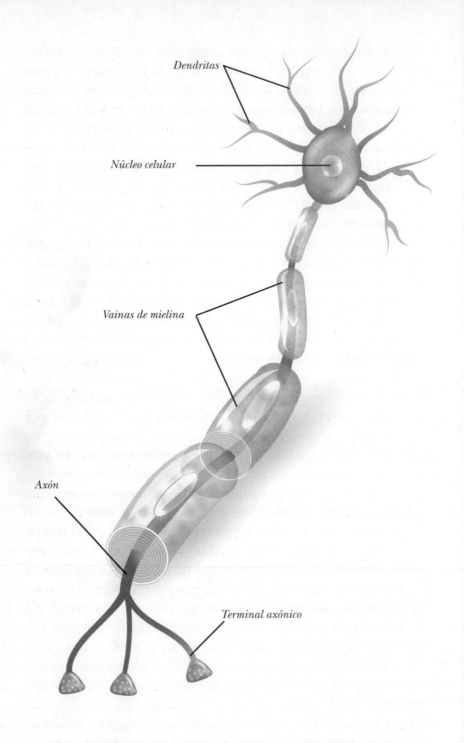

Dendritas

Núcleo celular

Vainas de mielina

Axón

Terminal axónico

Dibujo esquemático de una neurona mostrando el
recubrimiento de mielina en el axón [Tefi].

Las diferencias, por lo que se ha visto, están en la sustancia blanca, los haces de axones mielinizados que conectan distintas regiones del sistema nervioso y, en particular, distintas regiones de la corteza cerebral. Estos axones mielinizados serían los cables de conexión entre estas regiones, enviando señales eléctricas —y con ellas información— de unas zonas a otras. Si estos fascículos tienen alguna deficiencia los resultados pueden ser muy evidentes como en las parálisis o más sutiles, como parece suceder en algunas personas que tienen dificultades para leer. En este sentido, se ha visto la presencia en personas con dislexia de anomalías en los fascículos mielinizados que conectan las zonas temporales y las parietales, especialmente en el lado izquierdo y también en el cuerpo calloso, el gran haz de fibras mielinizadas que conecta ambos hemisferios cerebrales. En particular, la zona más caudal del cuerpo calloso que conecta con la parte del sistema visual encargada de percibir movimientos y controlar los movimientos del ojo, un factor clave para recorrer las líneas de un texto. Estos axones presentan más pérdidas de agua en niños que tienen problemas con la lectura frente al grupo control. Finalmente recordar que hay muchos ejemplos de personas con dificultades para la lectura pero que luego tuvieron un gran éxito «cerebral» y personal, como Albert Einstein.

Cuando Marilyn compartía piso con otra actriz primeriza, Shelley Winters, ganadora de dos óscar, las dos hicieron una lista de los hombres que más atractivos les parecían. En la de Marilyn estaban Einstein y Arthur Miller, quien sería su tercer y último marido por lo que hay que soñar que los «empollones» habríamos tenido alguna posibilidad. Y sin embargo Marilyn dio categoría al personaje de la rubia tonta. En *Los caballeros las prefieren rubias* (1953), película dirigida por Howard Hawks, tiene una actuación memorable junto a Jane Russel, la morena que, por cierto, cobró diez veces más que ella. El mismo año rueda *Cómo casarse con un millonario* (1953) donde Monroe borda ese papel de rubia sexy, cazafortunas y con no muchas luces. Dos años más tarde supera esas magníficas actuaciones en *La tentación vive arriba* (1955) donde el genio de su director, Billy Wilder, nos dejó escenas inolvida-

Si hay un trío «de cine» es el loco grupo que formaron Marilyn Monroe, Tony Curtis y Jack Lemmon en *Con faldas y a lo loco* (*Some Like It Hot*), dirigida por el mismísimo Billy Wilder y estrenada en 1959.

bles como el chorro de aire que le levanta la falda tras el paso del metro por debajo de un respiradero o ese otro chorro, erótico en este caso, cuando ella confiesa sin darle importancia que para luchar contra los calores del verano neoyorquino guarda su ropa interior en la nevera. Billy Wilder también la dirigiría en *Con faldas y a lo loco* (1959), junto con Tony Curtis y Jack Lemmon, una de las mejores comedias cinematográficas de todos los tiempos. Dicen que Marylin tenía muchas dificultades para aprenderse los guiones y que en esta película la frase «Soy yo, Sugar» requirió ¡60! tomas por los continuos fallos de la actriz.

Frente a esa imagen de rubia descerebrada, Marilyn no era así en realidad. Tenía una biblioteca personal con más de 400 libros que se subastaron en Christie's el 28 de octubre de 1999. La lista incluye autores lógicos de su país y su época como Tennessee Williams, Ernest Hemingway, William Styron, F. Scott Fitzgerald, Eugene O'Neill o Jack Kerouac pero también Albert Camus, John Milton, Thomas Mann, Erich Fromm, Alejandro Dumas o Fyodor Dostoievski. Hay numerosas fotografías que muestran a Marylin leyendo y fueron a lo largo de toda su vida sus fotos favoritas. En algunas de ellas es posible leer el título de los libros, el *Ulises* de James Joyce, *Hojas de Hierba* de Walt Whitman, el guión de *Niágara* y también poesía de Heinrich Heine. Muchas veces está tumbada, en la cama, en sofás, en la hierba. Algunas serán poses pero es evidente que le gustaba leer y también escribir. Se ha publicado recientemente *Fragmentos* formado por textos cortos muy personales, anotaciones en diarios, poemas, escritos en cuadernos o en notas sueltas y muestran una persona sensible, compleja, que hace un ejercicio de introspección para entender quién es ella en realidad y se pregunta por el mundo y la gente que le rodea. La imagen más inmediata al leer esos textos es la diferencia entre la persona pública, la actriz riendo a las cámaras y el ser humano, vulnerable y escondido, emocionalmente frágil que desea ser entendido. Así, los libros se convierten en unos compañeros comprensivos y tranquilos en las noches de insomnio y la poesía es un dique y un ancla frente a la tumultuosa vida emocional en la que se ve envuelta.

Marilyn Monroe y Arthur Miller se muestran
felices ante las cámaras [G. Group].

Su tercer matrimonio con Arthur Miller, el intelectual más famoso de los Estados Unidos de su tiempo, fue una de sus épocas mejores. Se sentía a gusto en el círculo de amigos de él e Isak Dinesen cuenta su impresión de la ya famosa actriz en una comida organizada por la novelista Carson McCullers. Marilyn estuvo feliz, asombrando a todos con su belleza y golpes de ingenio. Dinesen, la inmortal escritora de *Memorias de África,* dijo después que le recordó, por su vitalidad e inocencia, a un cachorro de león. Después, Marilyn desarrolló una amistad con Truman Capote y pudo conocer a alguno de sus autores favoritos como el poeta Carl Sandburg y el novelista Saul Bellow. Sin embargo, Miller no vivía aquellas reuniones de la misma manera. Se avergonzaba de ella y escribió en su diario que se sentía «*defraudado*» con su esposa. Ella leyó este apunte, se sintió traicionada una vez más y su ya baja autoestima se derrumbó, otra constante en su vida. La relación de pareja se fue deteriorando, Marilyn tuvo un *affaire* con Yves Montand mientras rodaban *Let's make love* (*El multimillonario*) y finalmente Miller escribió para ella el guión de *The Misfits* (*Vidas rebeldes*) (1961), que dirigiría John Houston y que sería su última película. Marilyn murió el 5 de agosto de 1962, cuando tenía 36 años. Uno de sus poemas:

Por mucho que acaricie tu cuerpo, / nunca llegaré hasta tu alma.
Aunque los que a mí me gustan / son más bien cuerpos desalmados.
En cambio yo, / no os lo vais a creer,
a veces tengo la sensación / de que soy un alma sin cuerpo.

Y otro más:

Soy hermosa por fuera, / pero horrible por dentro.
Por eso me avergüenza / mirarme en el espejo
y en los ojos de los demás. / Temo que me vean
Desnuda / toda mocos y llanto. / Tal como soy.

📖 PARA LEER MÁS:

- http://www.booktryst.com/2010/10/marilyn-monroe-avid-reader-writer-book.html
- http://www.brainpickings.org/index.php/2012/07/27/marilyn-monroe-fragments-poems/
- http://www.telegraph.co.uk/culture/9427022/50-things-you-didnt-know-about-Marilyn.html
- http://lejosdeltiempo.wordpress.com/2013/02/19/poemas-de-marilyn-monroe/

Dos cerebros dentro del cráneo

El cuerpo calloso, esa cinta en mitad del cerebro, fue llamado así por Galeno porque le recordaba a la piel endurecida y engrosada de los pies. Vesalio pensaba que era un soporte para la masa cerebral que tenía encima y se encargaba también de mantener la forma de los ventrículos. También fue una de las supuestas localizaciones del alma y así Giovanni Maria Lancisi escribió en 1712 que es «*el lugar del alma, la que imagina, delibera y juzga*». En realidad, esta estructura blanquecina y arqueada que podemos ver si separamos ligeramente los dos hemisferios cerebrales es una comisura, la principal ruta de comunicación entre el hemisferio derecho y el izquierdo y está formada por unos 300 millones de axones mielinizados que cruzan de un lado a otro.

Sorprendentemente para lo que parece una importante vía de conexión, se conocía desde el siglo XIX que la atrofia de nacimiento del cuerpo calloso no iba asociada a doble personalidad, pérdida sensorial o dificultades de movimiento, aunque sí frecuentemente a una discapacidad intelectual. William Ireland escribió en 1886:

> *He visto tres casos donde el cuerpo calloso había desaparecido del todo, sin ver ningún problema mental o defecto del intelecto durante sus vidas y sin ninguna manifestación de una doble personalidad. Parece, por lo tanto, imposible evitar la conclusión de que los dos hemisferios del cerebro pueden llevar a cabo sus funciones habituales sin esta estructura, que sirve para unirles, pero cuyas otras funciones son desconocidas.*

El neurocirujano Walter Edwart Dandy (1886-1946).

El primero que cortó el cuerpo calloso fue Walter Dandy, un neurocirujano fuera de serie que trabajó en Johns Hopkins a mediados de la década de 1930 y que en sus mejores momentos, contando con su equipo conocido como el «Brain Team», llegó a realizar más de mil operaciones al año. Irving J. Sherman, que se formó con él, contó lo siguiente:

> *Los historiadores son uniformemente efusivos en elogiar la investigación y la cirugía de Dandy, pero son menos amables en relación con su personalidad, sin duda porque no le conocieron personalmente... Dandy nunca cobró a los maestros, ni a los religiosos, ni a otros trabajadores médicos ni a los pacientes que no tenían dinero. A veces, les daba dinero para ayudarles con los gastos de venir a Baltimore... Hay historias de Dandy siendo dictatorial y exigiendo un servicio perfecto a los pacientes y son ciertas... Hay otras historias, también ciertas, de Dandy teniendo explosiones temperamentales, cuando «las cosas no iban bien en el quirófano», despidiendo a los residentes, abroncando al personal y en ocasiones lanzando el instrumental. Sin embargo, durante mi periodo en la plantilla de cirugía general y neurocirugía (1940-1943) nunca vi estos incidentes. Aunque Dandy era en ocasiones dictatorial y exigente, sus actos dejaban claro que se preocupaba profundamente por nuestro bienestar, aunque no sobre lo duro que trabajábamos.*

Las primeras transecciones del cuerpo calloso fueron un intento aventurado de llegar a tumores que estaban situados en el tercer ventrículo. El corte de esta comisura permitía llegar a zonas más profundas del cerebro y la sorpresa, tras la supervivencia de un paciente desahuciado, fue que no se notaba nada, que se comportaba con total normalidad. Dandy contaba que puesto que cortaba el cuerpo calloso sin ninguna alteración en el estado mental, «*esta estructura, por lo tanto, está eliminada de cualquier participación en las importantes funciones que hasta ahora se le adscribían*».

En algunos pacientes epilépticos se vio que los ataques que se generaban en una zona de un hemisferio pasaban al

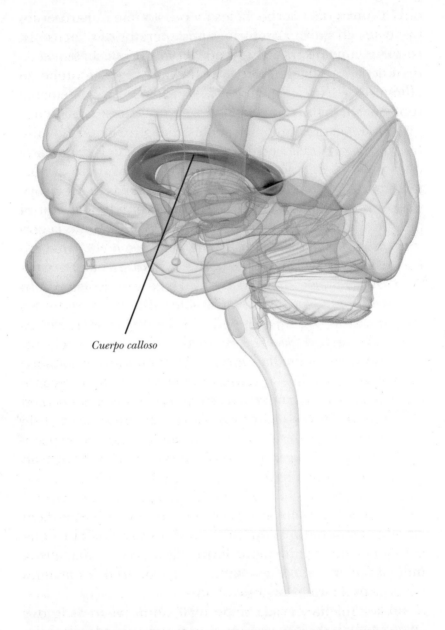

Cuerpo calloso

Esquema tridimensional en vista lateral del cerebro, se observa también el globo ocular, el nervio óptico, la bulbo raquídeo, la médula espinal y otras estructuras. Se ha dibujado en oscuro el cuerpo calloso, un haz de fibras nerviosas que conecta ambos hemisferios cerebrales para que actúen de forma coordinada.

otro a través del cuerpo calloso y puesto que al parecer los pacientes no sufrían problemas postoperatorios se pensó en cortar esta comisura para limitar la difusión del ataque. Al final de la década de 1930, William van Wagenen probó en animales de experimentación y, viendo que aparentemente funcionaba, lo hizo con éxito en siete pacientes. Tras la cirugía, tenían ataques menos potentes y aparentemente no mostraban ningún trastorno. En los años siguientes fue sumando nuevos casos, también con buenos resultados, pero la operación no se extendió apenas entre los demás neurocirujanos, quizá porque los resultados eran impredecibles, quizá porque si el foco epiléptico está localizado fuera de la corteza cerebral como en el tronco del encéfalo o el tálamo, no hay conexión vía el cuerpo calloso y la callosotomía no generaba ninguna mejoría. Andrew Akelaitis, un psicólogo, puso en marcha una serie de test de comportamiento sobre los pacientes callosotomizados entre 1940 y 1945 y, de nuevo, los resultados fueron sorprendentemente escasos. Los pacientes no mostraban anomalías sensoriales ni motoras, y tampoco dificultades para sujetar cosas, orientarse, escribir o reconocer objetos. No encontró nada significativo en el habla o en la comprensión del lenguaje y los resultados en los test de inteligencia eran perfectamente normales. Lo único peculiar, pero que solo lo vio en dos pacientes, era cierto conflicto entre la mano izquierda y la derecha. Por ejemplo, en un caso, un paciente comentó que intentaba abrir una puerta con la mano derecha al mismo tiempo que la izquierda la cerraba. Este conflicto duraba unos pocos segundos y parecía algo menor por lo que se llegó a decir, con ironía, que la única función del cuerpo calloso era canalizar los ataques epilépticos de un hemisferio al otro.

En la siguiente década, la de 1950, un nuevo investigador entró al tema de los cerebros con el cuerpo calloso seccionado. Se llamaba Roger Wolcott Sperry y tenía esa formación ecléctica que tan buenos resultados da a los norteamericanos y que aquí, no sé muy bien porqué, nos parece una aberración: Sperry había estudiado Inglés, pero hizo un curso introductorio a la Psicología impartido por un tal

Roger Wolcott Sperry (1913-1994), Premio Nobel de Fisiología
o Medicina en 1981 [Lasker Awards Archives].

profesor R.H. Stetson. Stetson era un discapacitado así que Sperry, que trabajaba en la cafetería de la universidad, le llevaba en coche a todas partes y le acompañaba a comer con sus compañeros sentándose en un extremo de la mesa mientras aquellos académicos discutían sus investigaciones y los cotilleos habituales. Esas charlas profundas y distendidas al mismo tiempo le gustaban a Sperry así que hizo un máster en Psicología y se fue a hacer la tesis con un zoólogo, Paul Weiss. Esa tesis era sobre el desarrollo embrionario del sistema nervioso y se pensaba que la influencia de la experiencia sobre la estructura y funcionamiento cerebral era determinante. Sperry quería explorar el famoso debate «*nature versus nurture*», lo innato frente a lo adquirido.

Empezó trabajando con ratas y desconectó los nervios de la patas posteriores, empalmando el nervio derecho con los músculos de la pata izquierda y el nervio izquierdo con los de la derecha. A continuación colocó al roedor en una jaula donde podía dar una pequeña descarga eléctrica en la pata que quisiera. Cuando le daba una descarga en la pata izquierda, el animal levantaba la derecha y viceversa. Quería saber cuánto tardaría el animal en darse cuenta de que se estaba equivocando pero la respuesta fue: nunca. Sperry llegó a la conclusión de que algunas cosas del sistema nervioso eran fijas y no podían ser reaprendidas. En sus palabras *«no se produjo un funcionamiento adaptativo del sistema nervioso».*

Sperry demostró que si cortaba el nervio óptico de un tritón, los axones de la retina regeneraban, volvían a formar conexiones funcionales y el pobre anfibio veía perfectamente. Pero entonces dio un paso más allá y probó algo novedoso: hizo lo mismo en peces y en anfibios pero rotando el ojo 180º. El resultado fue que la regeneración se producía de nuevo y se recuperaba la visión, pero el espécimen veía el mundo boca abajo y con el lado izquierdo y derecho invertidos. ¿Cómo lo sabía Sperry? Porque si en el acuario de la rana operada ponía una mosca el animal demostraba su habilidad para la caza pero no su puntería: saltaba en dirección opuesta a donde realmente estaba la mosca. Sperry utilizó las técnicas de trazado, métodos de marcaje que permiten seguir los axones a lo largo del cerebro y vio que las conexiones estaban bien, que habían formado las mismas rutas que recorrían en el desarrollo normal. Es decir, las conexiones cerebrales «*seguían el programa*» y no se adaptaban a que ahora el mundo estaba al revés.

Tras contraer tuberculosis de uno de los monos que operaba, Sperry se trasladó al Californian Institute of Technology y decidió estudiar en detalle la transección del cuerpo calloso. Se puso a trabajar con gatos y buscó un sistema para presentar información solo a uno de los hemisferios. En principio podemos pensar que basta con enseñar algo a uno de los ojos pero no es así porque además de la conexión vía el cuerpo calloso, parte de los axones ópticos se cruzan en el quiasma óptico, por lo que tenía que cortar también esta otra conexión. Una vez resuelta la cirugía, enseñaba a un gato con un parche en el ojo a discriminar entre dos estímulos (un círculo y un triángulo, por ejemplo) y si acertaba y daba a la palanca correcta, recibía un premio, un poco de comida. Lo curioso es que lo que aprendía por el lado izquierdo no lo recordaba cuando se hacía la prueba en el otro ojo. Sperry podía «enseñar» a cada hemisferio por separado y escribió:

> *Los gatos y monos con el cuerpo calloso cortado son virtualmente indistinguibles de sus compañeros de jaula normales bajo la mayoría de los test y condiciones de entrenamiento. Pero si uno estudia uno de esos monos con «el cerebro dividido» más cuidadosamente, entonces bajo unas condiciones de entrenamiento y examen especiales, uno encuentra que cada uno de los hemisferios divididos tiene su propia esfera mental o sistema cognitivo, es decir, tiene procesos perceptuales, de aprendizaje, de memoria y otros independientes, como si los animales tuvieran dos cerebros separados.*

Dos cirujanos de un hospital cercano, Philip Vogel y Joseph Bogen, que conocían sus experimentos con los gatos, le ofrecieron examinar a sus pacientes con callosotomía. Había un problema y es que evidentemente estas personas tenían el quiasma óptico intacto y, por tanto, la información visual iría a ambos lados del cerebro. A Sperry se le ocurrió un truco: el paciente tenía que mirar a un punto fijo en una pantalla y entonces se le ponía un estímulo visual muy rápido (una décima de segundo o menos) en el campo visual izquierdo o en el derecho. En este tiempo, el sistema visual capta la información pero no da tiempo a girar los ojos hacia ella. Por la organización del sistema visual, una información presentada de esa manera en el campo visual izquierdo pasa solo al hemisferio derecho y viceversa. Sperry también usó otra estrategia: se pedía al paciente agarrar unos objetos tapados por una pantalla. Puesto que al contrario que la visual, la información táctil cruza completamente al hemisferio contralateral, tenía un segundo método para presentar información solo a uno de los hemisferios. Podía hacerlos trabajar con informaciones contradictorias: si la mano izquierda tocaba una llave y enviaba esa información al hemisferio derecho y el ojo derecho veía la palabra anillo y la enviaba al hemisferio izquierdo ¿qué diría? ¡Anillo! porque el centro del habla está en el hemisferio izquierdo.

Los resultados de Sperry abrieron una ventana a un mundo desconocido. Los pacientes con cerebro dividido («*split-brain*») demostraron que el hemisferio izquierdo y el derecho tenían funciones diferentes, habilidades especializadas e incluso personalidades distintas. Un ejemplo puede ser su primer paciente, un paracaidista de la Segunda Guerra Mundial, cuyas iniciales eran WJ. WJ había empezado a tener ataques epilépticos después de recibir un culatazo en la cabeza. La epilepsia fue empeorando por lo que terminaron haciéndole una callosotomía en 1961. Cuando Sperry y su estudiante Michael Gazzaniga le mostraban una palabra escrita como «llave» o «cuchara» al hemisferio izquierdo, WJ era capaz de leerla, decirla en voz alta y entender su significado. Cuando la misma palabra se presentaba al hemisferio derecho, el paciente decía que solo había visto un flash de luz en la pantalla o ni siquiera eso. El hemisferio izquierdo era capaz de escribir la respuesta a una pregunta sencilla usando la mano derecha, algo que no sucedía cuando la prueba se invertía y se «preguntaba» al hemisferio derecho.

De los experimentos, Sperry y Gazzaniga fueron viendo que el hemisferio izquierdo era el dominante para el lenguaje, que era mejor para resolver problemas analíticos y más racional y lógico que el derecho. El hemisferio derecho, a su vez, era mejor en el razonamiento espacial, en resolver puzles, en reconocer caras y figuras, y en dibujar. Fue curioso cuando exploró el campo de las personalidades o los temperamentos. El hemisferio derecho parecía ser más emocional que el izquierdo. Un ejemplo de estos experimentos era enseñar a cada hemisferio una foto de alguien desnudo. Cuando se enseñaba al hemisferio derecho, la persona se ruborizaba o tenía una risita nerviosa, algo que no sucedía cuando se mostraba al hemisferio izquierdo. Cuando se le preguntaba a la persona porqué se reía no sabía explicarlo. Sperry fue premio Nobel en 1981.

📖 PARA LEER MÁS:

- Bogen JE (1999) Roger Wolcott Sperry (20 August 1913-17 April 1994). *Proc Am Philos Soc* 143(3): 491-500.
- Sperry RW (1945) The problem of central nervous reorganization after nerve regeneration and muscle transposition. *Quart Rev Biol* 20: 311–369.
- Sperry RW (1980) Mind-brain interaction: Mentalism, yes; dualism, no. *Neuroscience* 5(2): 195–206.
- Trevarthen C (1994). Roger W. Sperry (1913–1994). *Trends Neurosci* 17(10): 402–404.
- Voneida TJ (1997) Roger Wolcott Sperry. 1913-1994. National Academy of Sciences, Washington DC.

Por qué no vivimos en el planeta de los simios

El planeta de los simios es una de las sagas más famosas del cine de ciencia ficción. La película original fue dirigida en 1968 por Franklin J. Schaffner y sus principales protagonistas fueron Charlton Heston (coronel George Taylor), Roddy McDowall (Cornelius) y Kim Hunter (Dra. Zira). Fue el primero de una serie de cinco largometrajes realizados entre 1968 y 1973 a los que se sumó una serie de televisión de corto recorrido, películas de dibujos animados, novelas gráficas y abundante *merchandising*. Más de treinta años después, en 2001, Tim Burton hizo un *remake* de la primera película con el mismo título de *El planeta de los simios* y diez años más tarde, en 2011, se estrenó una nueva producción dirigida por Rupert Wyatt titulada en España *El origen del planeta de los simios* y en Hispanoamérica *El planeta de los simios: (R) Evolución*.

La película original se basaba en la novela *La Planète des Singes* escrita por Pierre Boulle en 1963 y contaba la historia de la tripulación de una nave espacial que, tras partir de la Tierra en 1972, viaja a través de un agujero de gusano a un futuro 700 años después. La nave se estrella en un planeta desconocido que, aunque al principio parece desierto, pronto se ve que está regido por una sociedad de simios que son las especies dominantes, tienen una inteligencia comparable a la nuestra, usan armas y ropa, montan a caballo y son capaces de hablar. Los humanos, en cambio, tienen un esta-

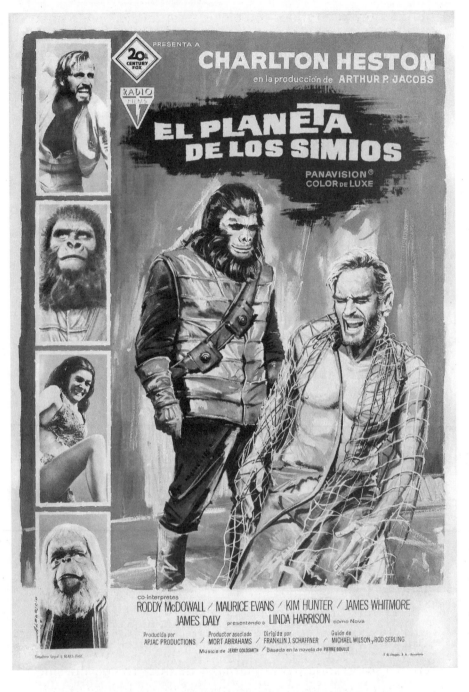

Cartel de la película *El planeta de los simios* (1968). Basada en la
novela de Pierre Boulle, *Planet of the Apes,* una distopía creada en
plena Guerra Fría donde los simios someten a los humanos.

tus inferior, van vestidos con pieles —estratégicamente situadas en el caso de la hermosa Nova (Linda Harrison)—, no tienen un lenguaje como tal y los simios les tratan como alimañas, piezas de caza y animales de laboratorio.

El planeta de los simios fue un éxito quizá porque aludía a algunos de nuestros temores ancestrales: ser comidos, estar esclavizados o dominados, ser despojados de lo que sentimos nuestro. La película habla también de nuestra desconfianza e inquietud con el otro, el extranjero, el de otra raza, el que es parecido a nosotros pero no somos nosotros. Para una especie con nuestra característica *hubris*, esa arrogancia que llega al extremo de autodenominarnos los reyes de la creación y decir que somos imagen y semejanza de Dios, estar dominados por una pandilla de chimpancés, orangutanes y gorilas debe ser una las peores pesadillas imaginables, algo así como vivir en un *reality show*.

Los humanos y los grandes simios nos parecemos mucho. No hay más que mirarles a los ojos o a las manos y sentimos en lo más hondo que son nuestros parientes cercanos, pero también hay una distancia difícil de definir y difícil de situar. O quizá no tanto: si pensamos en qué es lo que nos diferencia —lenguaje sofisticado, arte, capacidad tecnológica, pensamiento simbólico, teoría de la mente, capacidad moral, etc.— todo ello reside en nuestro cerebro.

El cerebro humano es especial, pero no tan especial. Siempre decimos que el encéfalo del hombre es mayor de lo que le correspondería por su tamaño corporal y asumimos que nuestra globosa cabeza es prueba de nuestra supremacía en la Naturaleza. Pero como dice Suzana Herculano-Houzel, el argumento puede darse la vuelta: si los grandes simios son más grandes que los humanos, ¿por qué no tienen cerebros más grandes que el nuestro? Esta investigadora brasileña de la Universidad Federal de Río de Janeiro ha planteado una sugerente hipótesis: que no es que nuestro cerebro sea grande para el tamaño de nuestro cuerpo, sino que el cuerpo de los grandes simios es inusualmente grande para el tamaño de su cerebro.

The Organ Grinder. No. 2

Un organillero con su mono al hombro (c. 1892)
[Library of Congress].

Herculano-Houzel decidió estudiar el número de neuronas que hay en diferentes especies incluida la nuestra. Normalmente se hacía mediante técnicas estereológicas, realizar cortes del cerebro, teñirlos, contar neuronas usando diferentes cuadrículas en cada región pues la densidad neuronal varía mucho de zona a zona y luego hacer correcciones matemáticas para evitar problemas tales como que una neurona cortada por la mitad, que aparecería lógicamente en dos cortes adyacentes, fuese contada como si fueran dos neuronas. Un trabajo de chinos. La idea de Suzana fue disolver el cerebro o una región cerebral concreta con un detergente que solubilizara las membranas celulares. El resultado es una sopa de núcleos que, a continuación, se puede agitar con suavidad consiguiendo una distribución homogénea. Luego, basta con coger unos microlitros de esa sopa, contar los núcleos —hay uno por célula o sea que es igual que el número de células— tal como hacemos en un recuento sanguíneo y conociendo el volumen inicial sabremos el número total de neuronas de la muestra original. Sencillo, directo y rápido.

El resultado fue el siguiente: el cerebro humano tiene 86 000 millones de neuronas, de las cuáles 16 000 millones están en la corteza cerebral. Ninguna especie tiene, ni de lejos, tantas neuronas en la corteza y por eso podemos hacer cosas muy complejas, porque tenemos una enorme cantidad de piezas en nuestro «Lego» neuronal. Por eso no habrá planeta de los simios, porque las otras especies tienen una caja de construcción cerebral con pocas piezas y entonces las posibilidades de lograr funciones sofisticadas —construcciones de enorme complejidad— son mucho más limitadas.

El segundo resultado importante es que la evolución del cerebro ha seguido distintas estrategias en distintos grupos de mamíferos: en los roedores, los cerebros crecían aumentando el tamaño de las neuronas; en los primates, los cerebros crecen aumentando el número de neuronas. El resultado es que el cerebro de un primate siempre tendrá más neuronas que un cerebro del mismo tamaño de un roedor. ¿Y si no fuera así? Un cerebro de roedor que tuviera 86 000 millones de neuronas pesaría 36 kg. No es posible, sería aplastado por su propio peso y el cuerpo pesaría 79 toneladas lo que sería una pesadilla de película de serie B: ratas del tamaño de dinosaurios.

Si tomamos el modelo «primate» genérico y calculamos qué peso cerebral y corporal tiene que tener un ser con 86 000 millones de neuronas, la respuesta es que 1,24 kg de peso encefálico y 66 kg de peso corporal, que es totalmente concordante con la realidad (bueno, en mi caso miento un poco con lo del peso). La conclusión es que nuestro cerebro es el cerebro de un primate grande pero nada más, no es la maravilla de la creación, no nos salimos de la tabla como parece gustarnos creer.

¿Y por qué la evolución no hizo con los gorilas lo mismo que nos pasó a nosotros? ¿Por qué el linaje de los simios no hizo como el linaje de los homínidos y fue incrementando el tamaño cerebral, sus funciones, su inteligencia y se divirtieron haciendo que hiciéramos el ridículo en los circos, o nos metieron en jaulas en el zoológico o estudiaron nuestro cerebro para saber más del suyo? ¿Por qué la Tierra se convirtió en el planeta de los humanos y no en el planeta de los simios?

La explicación puede ser muy sencilla: coste energético. El cerebro humano necesita unas 500 kilocalorías por día, lo que es un 20-25 % del consumo energético total de nuestro cuerpo, una barbaridad. Sin embargo, el grupo de la investigadora brasileña ha demostrado que no hay nada de especial, que ese es el gasto calórico esperado atendiendo al número de neuronas que tenemos. Es de nuevo una relación puramente lineal: hacen falta 6 calorías diarias para cada millón de neuronas y nosotros tenemos 86 000 millones. El cerebro de gorilas y orangutanes es en torno a una tercera parte del nuestro y un gorila macho puede pesar de 130 a 250 kg. Era imposible conseguir energía para un cuerpo grande y un cerebro grande, especialmente si tu dieta es de gorila.

Haciendo cuentas, el grupo de investigación de Río de Janeiro calculó que un primate tipo que comiera durante 8 horas al día puede conseguir energía para un cerebro con 56 000 millones de neuronas pero su cuerpo no puede pesar más de 25 kg. Para conseguir un cuerpo más grande tiene que renunciar a tener tantas neuronas:

50 kg	45 000 millones de neuronas
75 kg	30 000 millones de neuronas
100 kg	12 000 millones de neuronas

Así que tienes que elegir, o muchas neuronas o cuerpo grande. Los gorilas se alimentan fundamentalmente de hojas, tallos y brotes verdes. Este alimento tiene un bajo poder calórico, como recordamos cuando nos ponemos a dieta y llenamos el plato de lechuga o espinacas. Los gorilas dedican muchas horas al día a comer, pues necesitan ingerir una cantidad ingente de comida y su sistema digestivo es muy largo para aprovechar todo lo posible esos alimentos. Puedes pasar más horas comiendo, pero es demasiado peligroso, estás al borde de lo medianamente eficiente. Un gorila o un orangután pasa 9 horas comiendo cada día, todos los días, y tiene unos 30 000 millones de neuronas.

¿Y nosotros? Apenas dedicamos una hora a comer. La «jugada» de los humanos primitivos fue quizá la domesticación del fuego, lo que nos permitió cocinar los alimentos, lo que a su vez nos permitió eliminar parásitos de la comida, «predigerir» los alimentos fuera de nuestro cuerpo y conseguir muchas más calorías con rapidez. La comida cocinada necesita mucha menos masticación, se deshace ya en gran parte en nuestra boca y los nutrientes se absorben con facilidad y rapidez. De esa manera, un cerebro cada vez más grande, en vez de ser un lastre energético, se convirtió en una oportunidad, una herramienta cada vez más poderosa cuya demanda brutal de calorías era saciada por alimentos energéticos como la carne cocinada. Nuestro cerebro dispuso de tiempo para otras cosas que no fueran buscar comida, sentarse debajo de un árbol a masticar la comida y estar adormilado mientras digeríamos la comida. Tras el dominio del fuego y el cocinado de los alimentos, nuestro cerebro incrementó su tamaño de una forma asombrosa y fue inventando la cultura, la agricultura, la ganadería, las redes comerciales, los supermercados, el frigorífico, el microondas... todas esas cosas que nos permiten tener una comida rica y variada,

Uno de los mejores momentos de la saga *El planeta de los simios* tiene lugar cuando el coronel George Taylor (un sudoroso pero perfectamente peinado Charlton Heston), arma al hombro, besa cariñosamente a la doctora Zira (Kim Hunter) [20th Century Fox].

consiguiendo todas las calorías que queremos en un tiempo muy corto. Nuestro éxito biológico-cultural es espectacular.

En *El planeta de los simios* hay una marcada organización de castas. Los gorilas son la policía, los militares, los cazadores y los trabajadores manuales. Los orangutanes son los gestores, los políticos, los abogados y los sacerdotes. Por último, los chimpancés son los intelectuales y los científicos. En la película los gorilas son brutales y agresivos y los chimpancés dulces y sensibles cuando en el mundo real parece ser justo al contrario. Lo curioso es que durante el rodaje, según contaba Charlton Heston años después, «*se producía una segregación instintiva en el plató. No solo los simios comían juntos, sino que los chimpancés comían con los chimpancés, los gorilas comían con los gorilas y los orangutanes con los orangutanes, y los humanos lo hacían fuera por su cuenta. Era bastante espeluznante*». Ya ve, la comida parece estar en el origen de todo.

📖 PARA LEER MÁS:

- Herculano-Houzel S, Kaas JH (2011) Gorilla and orangutan brains conform to the primate cellular scaling rules: Implications for human evolution. *Brain Behav Evol* 77: 33-44.
- http://www.neatorama.com/2013/12/15/When-the-Actors-in-Planet-of-the-Apes-Donned-Their-Makeup-They-Spontaneously--Segregated-Themselves/
- http://www.suzanaherculanohouzel.com/lab
- http://www.ted.com/talks/suzana_herculano_houzel_what_is_so_special_about_the_human_brain

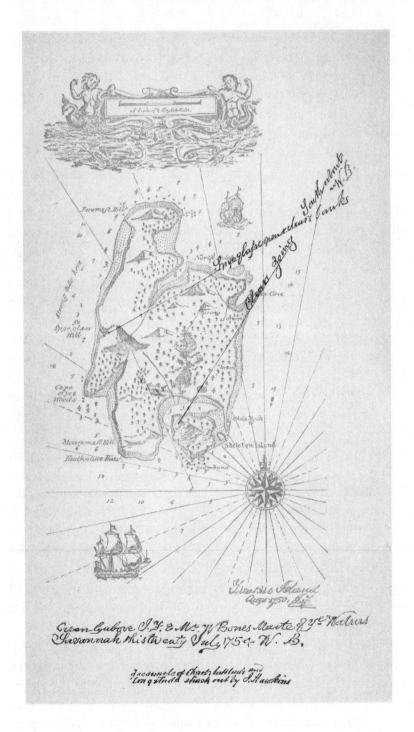

Mapa de la isla del tesoro de la edición de 1883 de Cassel.

Jekyll y Hyde

En una entrevista me preguntaron, qué libro elegiría para regalar a un muchacho. Lo tenía claro: *La isla del tesoro,* un canto a la aventura, a la amistad, al valor, un alegato contra la codicia y el mal. Mucho de nuestro imaginario sobre los piratas (marineros con pata de palo y un loro en el hombro, mapas con una x marcada, goletas atracando en islas tropicales) se lo debemos a Stevenson, el «contador de historias», Tusitala, como le bautizaron los samoanos donde vivió la última parte de su vida. Una de las grandes obras de la Literatura universal es *El extraño caso del Dr. Jekyll y Mr. Hyde,* también del mismo autor escocés.

De joven, Stevenson había escrito un melodrama sobre un personaje real, William Brodie, que por el día era un respetado ebanista y por la noche se convertía en un ladrón que asaltaba y robaba las casas del vecindario. Esa doble naturaleza intrigó a Stevenson que, en una pesadilla, soñó otra historia de doble vida pero con aspectos más impactantes. Su mujer, Fanny, se despertó a altas horas de la madrugada al oír los gritos de su esposo. Tras despertarle en medio de la pesadilla, Stevenson le contestó enfadado «*¿Por qué me has despertado? Estaba soñando un delicioso cuento de terror*».

Robert Louis se puso a escribir de forma compulsiva y antes de tres días tenía una primera versión de la historia. Stevenson tenía una salud terrible y dejó que su mujer revisase el documento mientras él guardaba cama por una hemorragia. Las críticas de su mujer —según algunos porque la historia incluía escenas muy procaces— hicieron que Stevenson quemara ese primer manuscrito y comenzara

Robert Louis Balfour Stevenson (Escocia, 1850 - Samoa, 1894), autor, entre otros muchos, de los clásicos *La isla del tesoro, La flecha negra* y *El extraño caso del doctor Jekyll y el señor Hyde.*

de nuevo preparando una nueva versión en menos de una semana, en opinión de muchos bajo los efectos de las drogas. Tras varias semanas de pulir el texto, mandó a publicar la obra que todos conocemos. La novela trata de un respetable médico, el Dr. Jekyll, que no quiere seguir inmerso en la guerra que tienen las dos partes de su mente y toma una poción con lo que consigue liberar una parte de sí mismo bajo el disfraz de Mr. Hyde. El brebaje que transforma a un científico de buena naturaleza y poca cabeza en un ser siniestro y malévolo se convertiría en un icono de la literatura, la música y el cine, y permea todavía la imagen social de los investigadores. Con ese bebedizo, Jekyll sufría una transformación en la que disminuía su estatura, parecía más joven y fuerte y tomaba un aspecto torvo y desagradable. El médico filántropo de gran estatura moral se convertía en un tipo inmoral y peligroso, capaz de asesinar a un anciano a golpes de bastón. El propio Jekyll cuenta así su transformación:

> *...cuando vi esa imagen espeluznante en el espejo, experimenté un sentido de alegría, de alivio, no de repugnancia. También aquél era yo. Me parecí natural y humano. A mis ojos, incluso, esa encarnación de mi espíritu me pareció más viva, más individual y desprendida del imperfecto y ambiguo semblante que hasta ese día había llamado mío. Y en esto no puedo decir que me equivocara. He observado que cuando asumía el aspecto de Hyde nadie podía acercárseme sin estremecerse visiblemente; y esto, sin duda, porque, mientras que cada uno de nosotros es una mezcla de bien y de mal, Edward Hyde, único en el género humano, estaba hecho sólo de mal.*

Es, sin duda, una metáfora sobre ese lado oscuro que existe en todos nosotros, aunque como todas las obras maestras tiene distintas lecturas y se ha relacionado con dicotomías diversas: Bien/Mal, Libertad/Represión, Moralidad/Inmoralidad, Inglaterra/Escocia, Barrios ricos/Barrios marginales y el Hombre civilizado frente al animal que lleva dentro. Stevenson también habla de esos dos cerebros, una imagen literaria que parece encajar con los dos hemisferios cerebrales:

El actor de teatro Richard Mansfield, célebre por el papel protagonista en la obra *Dr. Jekyll and Mr. Hyde* (Nueva York, 1887 y Londres, 1888). En esta fotografía se usa el truco de la doble exposición para mostrar a los dos presonajes que representaba, truco al que también recurrirían los espiritistas victorianos en sus retratos fantasmagóricos.

...estoy cada vez más cerca de la verdad, por cuyo descubrimiento parcial he sido enviado a este terrible naufragio: que el hombre no es verdaderamente uno, sino verdaderamente dos.

La pequeña obra fue rápidamente un enorme éxito, vendiendo más de 40 000 copias solo en Gran Bretaña en los primeros seis meses. Para muchos Stevenson estuvo influido por los debates científicos de su época y el Dr. Jeckyll sería la personificación del hemisferio izquierdo, culto, honesto, civilizado, mientras que Mr. Hyde sería la personificación del hemisferio derecho, cruel y primitivo y que es necesario tener bajo control. Pero también hay evidencias de que el libro de Stevenson pudo, a su vez, influir sobre los médicos que trataban pacientes mentales. Nueve años después de la primera edición de *El extraño caso*, Lewis Campbell Bruce (1866-1949) publicaba un artículo científico sobre un paciente que mostraba «dos consciencias», una personalidad estaba demenciada y hablaba en galés, no comprendía el lenguaje hablado, hacía ruidos y gruñidos y era tímido y suspicaz. Cuando esa «persona» dominaba, el sujeto escribía con su mano izquierda. La segunda «consciencia» hablaba inglés con fluidez pero era «*inquieto, destructivo y ratero*». Realizaba dibujos de barcos —con su mano derecha— y contaba sucesos de su vida pasada, pero no tenía memoria de nada de lo que hubiese sucedido en los períodos en que dominaba la otra personalidad. Bruce indicó explícitamente que las dos personalidades o consciencias, a las que llamaba el Galés y el Inglés, se debían a cada uno de los hemisferios cerebrales, el Galés al derecho y el Inglés al izquierdo. Dio un paso más al proponer un mecanismo para el salto de una personalidad a otra, para él podía ser debido a ataques epilépticos que paralizasen el hemisferio izquierdo, la parte civilizada. Bajo esas circunstancias, el hemisferio derecho y su personalidad «inferior» tomaba las riendas. Como dijo Stephen King, que de esto de escribir sobre la penumbra en la vida cotidiana sabe un montón: «*Hay un Mr. Hyde para cada rostro feliz de un Jekyll, una cara oscura al otro lado del espejo*».

Edgar Alexander Pask.

El más valiente de la RAF no pilotó ningún avión

Edgar Alexander Pask nació en Derby el 4 de septiembre de 1912. Consiguió una beca para estudiar Ciencias Naturales en el Downing College de Oxford y continuó sus estudios de Medicina en Londres. Tras formarse dos años más como residente en el London Hospital, se incorporó en 1930 a trabajar en el único departamento de anestesiología que existía en Inglaterra, en Oxford, con el profesor Robert Macintosh.

Macintosh era un neozelandés que había pasado su infancia en Argentina y había sido un as de la aviación en la Primera Guerra Mundial. Se había hecho famoso por fugarse repetidas veces de los campos de prisioneros en Alemania tras haber sido derribado dos veces en el continente. Macintosh, que fue el primer catedrático de Anestesiología fuera de los Estados Unidos, envió a Pask al Royal Sussex Hospital para ayudar con los heridos evacuados de las playas de Dunquerque y posteriormente propuso a la Real Fuerza Aérea, la RAF, que le llevaran a trabajar con ellos en el Laboratorio de Fisiología que tenía el ejército en Farnborough. Allí realizó un amplio número de experimentos, singulares por el peligro que entrañaban y porque, al contrario que Sigmund Rascher y los otros médicos alemanes denunciados en Núremberg, hizo los experimentos sobre sí mismo.

Los militares de la RAF tenían muchos problemas pero el principal es que el número de pilotos era muy escaso y perdían muchos no solo por las balas alemanas sino también

Si hay un b17 célebre, ese es el boeing Memphis Belle. Construido en julio de 1942, fue el primero en llegar a las 25 misiones de combate sin que su tripulación sufriera bajas. Se convirtió en un icono y se usó en la propaganda de guerra aliada. Su tripulación se componía de Robert K. Morgan, piloto; James A. Verinis, copiloto; Charles B. Leighton, navegante; Vincen Evans, bombardero; Robert Hanson, operador de radio; Clarence E. Winchell, ametrallador en flanco izquierdo; E. Scott Miller, ametrallador en flanco derecho; Harold P. Loch, ametrallador en torreta superior; Cecil Scott, ametrallador en torreta rotatoria inferior (bola Sperry); John P. Quinlan, artillero de cola y Joe Giambrone, jefe de mecánicos en tierra.

por los ambientes hostiles en los que se movían si eran derribados. Como escribió Pask en la tesis que presentó después de la guerra, él «*tenía cierta experiencia en la práctica clínica y experimental de la anestesia y creía que los métodos usados en dicha práctica podían ser empleados con utilidad en la solución de los problemas en consideración*».

El primer problema eran los saltos en paracaídas desde gran altitud. Los americanos habían prestado a la RAF en 1941 una serie de aviones B17, las famosas «fortalezas volantes». Estos bombarderos volaban a gran altura y supuestamente podían lanzar sus bombas con exactitud, de día y desde esa distancia. Los tripulantes, no obstante, tenían que volar en una fina carcasa de aluminio, sin presurizar, a una altura superior al Everest y sufrían un frío terrible y una grave falta de oxígeno. En el vuelo a gran altitud, la hipoxia se desarrolla gradualmente, los pilotos sentían que se les iba la cabeza, fatiga, cosquilleos en las extremidades y náuseas. Al recibir el cerebro menos oxígeno de lo necesario, empezaban a sentir ataxia (dificultad para coordinar los movimientos), desorientación, alucinaciones, fuertes dolores de cabeza y un nivel reducido de consciencia. Si se prolongaba un minuto más aparecía la cianosis, la bradicardia, la caída de la presión arterial y la muerte.

Si el bombardero era derribado o tenía algún problema y los tripulantes tenían que saltar en paracaídas la situación era casi letal. Pask y otros cuatro jóvenes médicos realizaron diecisiete experimentos simulando ellos mismos que se lanzaban a gran altura, metidos en una cámara de descompresión y respirando mezclas pobres en oxígeno —menos del 7 %— que les dejaban al borde de la asfixia. También lo probaron mientras estaban colgados de un andamio en un arnés de paracaídas. Los registros de los experimentos que se conservan recogen ansiedad, desvanecimientos, obstrucciones de la laringe y la faringe, charcos de sudor, calambres y pérdidas de memoria. Aquella información se usó para dar instrucciones a los pilotos que vieran su avión fatalmente averiado para que supieran la altura a la que tenían que descender antes de poder abandonar el avión con alguna posibilidad de salir con vida.

[Superior] Una de las primeras instantáneas de un salto en paracaídas tomada desde otro avión. Da una idea de las fuerzas a las que se somete el cuerpo del paracaidista [Milton J. Washburn, c. 1922]. [Inferior] Un instructor explica cómo maniobrar con el paracaídas a los futuros pilotos de guerra Meacham field, Fort Worth, Texas [Arthur Rothstein, enero de 1942].

El segundo problema era la respiración artificial. Los pilotos que eran derribados sobre el Canal de la Mancha eran recogidos con lanchas rápidas, pero a menudo estaban ya medio ahogados. Los tripulantes de las lanchas, que incluían personal sanitario, intentaban maniobras de resucitación, pero no era nada fácil en una lancha que se movía en mar abierto a toda velocidad. Los médicos solicitaban a los marinos que se detuvieran, pero eso exponía a todos los de la lancha al fuego alemán y no era una petición muy popular entre los tripulantes. Pask decidió buscar otro método de resucitación que fuera más sencillo que el de Schafer, que era el que todo el mundo utilizaba en la época. Primero probaron en cadáveres y en voluntarios conscientes, pero aquello no daba una idea clara, así que Pask dijo que lo anestesiaran con éter hasta que tuviera una apnea y entonces lo intubaran y lo fijaran a un tambor ahumado para medir los volúmenes de aire y, finalmente, con esa anestesia profunda, lo tirasen a una piscina. Pask, que fumaba dos cajetillas diarias, no lo pasó nada bien, pero consiguió encontrar un nuevo método, el «tablero mecedor de Eva», rotar a los pacientes sujetos a una camilla, que daba mejores resultados y que fue rápidamente adoptado por el ejército y la marina.

El tercer tema importante para Pask fueron los chalecos salvavidas. La idea era buena, un piloto inconsciente que cayera en el mar podía ser mantenido a flote hasta que llegara el rescate. El problema es que muchos aviadores aparecían boca abajo y ahogados. Pask hizo que le anestesiaran, le generasen una parálisis farmacológicamente y le pusieran un tubo en la boca para que pudiera respirar y le fueran probando distintos tipos de chalecos y trajes de agua en la piscina. Uno de los más famosos era el chaleco Mae West, llamado así por los soldados que decían que una vez hinchado recordaba el poderío pectoral de esta actriz. Los experimentos eran dramáticos y se filmaron para poder mostrar a los aviadores que «algo se estaba haciendo» para ayudarles. Tras cada experimento, tenían que llevar a Pask al hospital para que se recuperara y frecuentemente los diseños de chalecos no funcionaban bien y se hundía entero, lo que aumen-

Los experimentos de inmersión de E. A. Pask [Newcastle University].

taba el riesgo de aspirar agua, pero nunca dejó de hacerlo. Probaron los diseños con agua dulce y con agua salada y, para ver qué tal funcionarían en una mar agitada, fueron a unos estudios de cine, los Elstree Studios, que tenían una piscina que simulaba el oleaje en las películas de batallas navales y repitieron las pruebas.

El cuarto tema era la hipotermia. Los pilotos que caían al agua, en particular en el mar del Norte, solo aguantaban vivos unos minutos por la temperatura del agua. La hipotermia genera una excitación del sistema nervioso simpático: temblores, hipertensión, taquicardia, taquipnea, vasoconstricción y liberación de glucosa del hígado, las medidas primeras para conservar calor. Al poco tiempo se produce una confusión mental y los vasos sanguíneos se contraen aún más para intentar mantener el poco calor en los órganos vitales, cerebro y corazón. El sujeto tiene entonces una palidez extrema y los labios, oídos y dedos están azulados. Finalmente, cae el ritmo cardíaco y respiratorio y la presión sanguínea, surgen las dificultades para hablar, el pensamiento enlentecido y la amnesia, le resulta imposible manejar las manos y es posible que aparezca un estupor o un comportamiento irracional. Finalmente, fallan los órganos principales y el piloto muere.

Pask probó una serie de materiales y diseños para hacer un traje de vuelo que fuera confortable, mantuviera el calor y fuese estanco. Los probaron al típico estilo Pask: lanzándole en paracaídas al mar en invierno al norte de las Shetland. Vio que el traje era demasiado caluroso pero el experimento tuvo que detenerse porque los espectadores que le esperaban en un bote para sacarle del agua estaban poniéndose malos de frío.

El quinto y último problema en el que trabajó Pask es el más surrealista: los famosos puros de Winston Churchill. Churchill —que fumaba entre ocho y diez puros al día— no podía dejar el tabaco ni cuando viajaba y eso se convirtió en un problema cuando tuvo que hacer largos vuelos para reunirse con otros líderes mundiales con el objetivo de coordinar el esfuerzo bélico contra el Eje. Para evitar los cazas alema-

Un Consolidated B24 Liberator de los años 40
[U.S. Air Force archived photograph].

nes, el avión del primer ministro, a menudo un Consolidated B24 Liberator, viajaba a gran altitud, lo que requería que todos los tripulantes usaran máscaras de oxígeno. El problema es que con la máscara era imposible fumar un buen habano y Churchill pidió una solución a la RAF que, a su vez, se lo encargó a Pask. La leyenda dice que hicieron para él un agujero en la máscara que le permitiera fumar, pero no parece ser cierto, pues un buen fisiólogo como Pask sabría los riesgos de combinar fuego y oxígeno en la proximidad de la nariz del primer ministro.

Cuando Edgar Pask murió en 1966, con solo cincuenta y tres años, entre sus posesiones se encontró una máscara de goma verde, de un aspecto extraño y degradándose a ojos vista. Era una máscara del ejército americano con la marca «BLB» y fabricada en torno a 1942. El uso del oxígeno como terapia para los enfermos aquejados de una insuficiencia respiratoria se conocía desde hacía tiempo pero su aplicación era problemática, así que se usaba una tienda que cubría al paciente y la mayor parte de la cama. El problema es que eso hacía más difícil la observación y el tratamiento del paciente y gastaba mucha cantidad de un gas —el oxígeno— que era caro. Tres médicos de la Clínica Mayo, Walter Boothby, Randolph Lovelace II y Arthur Bulbulian inventaron la máscara «BLB» (las iniciales de sus apellidos), que cubría solo la nariz y permitía que los pacientes hablaran, comieran y bebieran al mismo tiempo que recibían oxígeno. Los tres eran reservistas del ejército en la Segunda Guerra Mundial e introdujeron la máscara para uso de los aviadores para evitar el problema de la hipoxia por el vuelo a gran altitud. ¿Por qué Pask guardó aquella vieja máscara? ¿Es posible que fuera un recuerdo de aquella ocasión que estuvo con Winston Churchill, usaron la máscara BLB de las que había en el avión y consiguió que el primer ministro siguiera fumando sus marcas favoritas de habanos, los Romeo y Julieta y los Aroma de Cuba? ¿La verdad? Nunca lo sabremos.

📖 PARA LEER MÁS:

- Enever G (2011) Edgar Pask and his physiological research - an unsung hero of World War Two. *J R Army Med Corps* 157(1): 8-11.
- Wesh P (1995) «A Gentleman of History». *Cigar Aficionado.* http://www.cigaraficionado.com/webfeatures/show/id/A-Gentleman-of-History_6006
- «Edgar Pask». Anaesthesia Heritage Centre. https://anaesthesiaheritagecentre.wordpress.com/past-exhibitions/what-we-did-during-the-war/edgar-pask/
- *«The bravest man in the RAF never to have flown an aeroplane».* Newcastle University. http://research.ncl.ac.uk/nsa/pask.html

Los resucitadores

En el siglo XVIII, la demanda de cadáveres se multiplicó porque surgieron numerosas facultades de medicina nuevas en todos los países occidentales. En Estados Unidos, por poner un ejemplo, pasaron de cuatro a ciento sesenta a lo largo de ese siglo. Eso hizo que surgiera una nueva profesión, los «resucitadores», llamados así porque hacían que los cuerpos salieran de las tumbas; eso sí, para acabar en un anfiteatro anatómico. Estos saqueadores de tumbas no robaban los objetos valiosos que pudiera llevar el difunto, porque era un delito, pero sí el cuerpo, porque no era propiedad de nadie y era mucho menos perseguido, sobre todo si era de un pobre.

El racismo te perseguía más allá de la muerte. En 1797 un grupo de hombres negros libres pidieron al consistorio de Nueva York que tomara medidas para que se dejaran de robar cuerpos en el Negro Burying Ground, el cementerio de los negros. No tuvieron ningún éxito, pero cuando un año más tarde se descubrió que había desaparecido de su sepultura el cadáver de una mujer blanca, los neoyorquinos estallaron y se produjo una auténtica revuelta: arrasaron el hospital municipal, los estudiantes de medicina tuvieron que refugiarse en la cárcel de la ciudad y seis personas fueron asesinadas. Los llamados disturbios anatómicos siguieron produciéndose durante las siguientes décadas, pues las facultades de medicina pagaban un buen dinero sin hacer muchas preguntas y el tráfico de cuerpos se había convertido en un negocio saneado. Las principales víctimas del robo de cadáveres eran los más pobres: negros, nativos america-

Placa conmemorativa de uno de los cementerios para negros de Nueva York (ubicado en Orient, el extremo de Long Island), donde fueron enterrados veinte esclavos. Como reza el texto «El Dr. Seth Tuthill y su esposa María desearon ser enterrados con sus antiguos sirvientes». Más allá de las lápidas de ambos hay veinte rocas coronadas por conchas marinas que marcan las tumbas de los esclavos [L. Yager].

nos y emigrantes paupérrimos. El precio de un cadáver en buen estado en Inglaterra era de unas diez libras, equivalente al salario de un peón agrícola durante seis meses, un buen dinero para ganar en una noche de luna llena.

La gente tenía pánico a los saqueadores de tumbas. Los ricos se construían grandes panteones, con buenas paredes y puertas blindadas. Las clases medias enterraban lo más profundamente que podían a sus deudos, colocaban rejas sobre las tumbas y alrededor de la fosa e instalaban grandes losas selladas por albañiles e incluso pequeños cañones cargados con pólvora y balas. Se han encontrado argollas de hierro que se atornillaban al ataúd y sujetaban el cuello del difunto para dificultar su extracción. Entre los pobres la única medida posible era vigilar la tumba unos días, hasta que la putrefacción hubiera hecho que el cadáver perdiera interés para los estudiantes de medicina. Aun así había auténticas bandas de resucitadores, en ocasiones con la connivencia de los empleados del cementerio, pendientes de las oportunidades disponibles. Tras saber de un entierro, a veces excavaban desde cierta distancia levantando una parte de césped y hacían un túnel hasta romper un extremo del ataúd por donde sacaban el cadáver llevando telas y arpilleras para no dejar rastro de tierra. Las bandas de ladrones de cadáveres tenían sus territorios y en ocasiones destrozaban las tumbas de una zona rival para causar una respuesta airada de las familias usuarias de ese cementerio y dificultar el negocio de sus competidores.

Evidentemente, era más rápido conseguir cadáveres de los vivos que de los muertos y eso hicieron algunos criminales. Quizá los más famosos fueron William Burke y William Hare, dos inmigrantes irlandeses en Escocia. Allí, la dificultad era aún mayor. La ley escocesa especificaba que solo se podían usar para las disecciones médicas los cuerpos de los reos muertos en prisión, de los suicidas y de los huérfanos que fallecieran en los hospicios. Los profesores universitarios escoceses cobraban en función de cuántos alumnos atraían a sus clases y un suministro constante de cadáveres era esencial y al mismo tiempo complicado para un profesor de Anatomía.

William Burke and William Hare, una viñeta del artista
hispanovenezolano Fernando Asián, 1972.

Hare regentaba una hedionda casa de huéspedes y uno de sus pupilos, un anciano militar, falleció dejándole a deber cuatro libras, así que Hare y su amigo Burke llenaron el ataúd con maderas y llevaron el cadáver a la facultad donde un asistente del doctor Robert Knox, un anatomista famoso por haber sido cirujano en la batalla de Waterloo, les pagó siete libras (unos mil euros al cambio actual). Los catedráticos se publicitaban y el anuncio de Knox prometía «una demostración completa sobre sujetos anatómicos» y presumía de tener más de cuatrocientos pupilos en sus clases.

El primer asesinato de Burke y Hare fue de otro huésped que estaba enfermo y tardaba en morir, por lo que aceleraron el proceso con whisky y una almohada. A partir de ahí se inició una espiral donde invitaban a su casa a personas pobres o prostitutas que encontraban por la calle y cuyos cuerpos aparecían pocas horas después en sacos de té o barriles de arenques en la sala de disección del doctor Knox. Algunas personas que aparecían por la casa de huéspedes buscando a sus parientes desaparecidos compartían el mismo destino. Se calcula que cometieron, al menos, dieciséis asesinatos. Finalmente, una huésped denunció a Hare y Burke y fueron inmediatamente detenidos. En el juicio se le ofreció a Hare inmunidad si denunciaba a Burke, que parecía el más inteligente de los dos y por lo tanto el que había organizado la trama delictiva, pero la prensa y el público rugieron ante ese acuerdo. Finalmente Burke fue condenado a muerte y el juez añadió estas palabras:

Su sentencia será ejecutada de la forma habitual pero acompañada con el concomitante estatutario del castigo para el crimen de asesinato, es decir, que su cuerpo será públicamente diseccionado y anatomizado. Y confío que si es siempre habitual preservar los esqueletos, el suyo será preservado de manera que la posteridad mantenga el recuerdo de sus atroces crímenes.

Burke fue ahorcado el 28 de enero de 1829 y la disección de su cuerpo se realizó en el teatro anatómico del Old College de la Universidad al día siguiente. Durante la disección, el profesor Alexander Monro mojó su pluma en la sangre de Burke y escribió: «*esto está escrito con la sangre de William Burke, que fue colgado en Edimburgo. La sangre se recogió de su cabeza*». Tras la ejecución se permitió a los frenólogos examinar su cráneo para buscar señales de su naturaleza criminal. En la actualidad el esqueleto de Burke está colgado en el Museo de Anatomía de la Facultad de Medicina de Edimburgo, y la sala de cirujanos conserva distintos frascos con sus restos, entre ellos su cerebro, y algunos objetos, en

EXECUTION of the notorious WILLIAM BURK

particular un pequeño cuaderno y una cartera para tarjetas de visita, supuestamente hechos con su piel. La casa del Dr. Knox, quien se considera que fue clave en el progreso de la Anatomía en el Reino Unido, fue atacada por una muchedumbre enfurecida, y tuvo que huir de Edimburgo.

Distintos países y distintos estados promulgaron legislación contra el robo de cadáveres en la primera mitad del siglo xix. En plena Revolución Industrial, cuando la urbanización y la industrialización habían multiplicado el estrato

murderer, who supplied Dᴿ KNOX with subjects.

de los pobres, algunos individuos llegaron a la conclusión de que les podían seguir explotando después de muertos. Los pobres se separaron en «capaces» e «impotentes», siendo calificados los primeros de vagos y los segundos de desgraciados merecedores de piedad y ayuda. Las casas de beneficencia intentaron ayudar a los pobres *que lo merecían* pero pronto se convirtieron en lugares insalubres con condiciones deplorables. No siempre era por casualidad: el filósofo Jeremy Benthan, padre del utilitarismo, dijo que estos asilos para pobres tenían que ser punitivos, diseñados para disuadir a la gente de buscar refugio y vivir a costa de los demás. Donar o vender sus cuerpos tras su muerte fue uno de esos argumentos disuasorios. Así, la Ley de Anatomía Warburton de 1832 autorizaba a que los cuerpos no reclamados de la gente que muriese en instituciones pagadas con los impuestos del contribuyente, como casas de beneficencia, hospitales para indigentes, manicomios y asilos de caridad, fueran entregados a las facultades de medicina para su disección y conservación de sus esqueletos. Por cierto, por expreso deseo de Bentham, su esqueleto, totalmente vestido y con una cabeza de cera (la auténtica fue momificada), se expone en el University College de Londres, en cuya fundación había participado. Hasta la fecha, sentado en su vitrina, sigue «participando» en las reuniones del consejo académico.

Los historiadores y arqueólogos que estudian en la actualidad el tema de los resucitadores han encontrado acuerdos secretos entre las facultades de medicina y funcionarios municipales para conseguir cuerpos, el uso de un número muchísimo mayor de cadáveres de minorías que de blancos, féretros vacíos abiertos por un extremo, féretros con restos de varios cuerpos procedentes sin duda de una clase de anatomía y una nueva corriente social en la que era fundamental contar con un «funeral decente» y la mejor sepultura posible, algo que aún sigue siendo especialmente llamativo en minorías de menor nivel socioeconómico como los negros en Estados Unidos o los gitanos en España.

El robo de cadáveres y, en particular de cabezas y cráneos, sigue dándose en la actualidad, pero ya no se hace para su uso en las salas de disección. Ahora, la admiración, el fetichismo, los rituales satánicos, son algunas de las explicaciones que se dan cuando surge uno de estos escándalos. En julio de 2015 se descubrió que el cráneo del director de cine F.W. Murnau, autor de obras maestras como Nosferatu y Sunrise había desaparecido. Se encontraron restos de cera y las tumbas de alrededor estaban intactas, por lo que la policía piensa en algún tipo de ritual. No era un caso único, en otoño de 2014 se encontraron veintiún cráneos bajo un puente cercano a la ciudad india de Orissa usados para hacer magia negra. Es algo que ha sucedido a menudo con personalidades célebres. El cadáver de Mussolini fue robado y estuvo desaparecido varios años. Lo mismo ocurrió con los restos de María Callas, Eva Perón o el general Petain. También lo intentaron, poco después de morir, con el mismísimo Elvis Presley y a Charlie Chaplin apenas le dejaron descansar un par de meses después de su fallecimiento en la noche de Navidad de 1977, cuando contaba ochenta y ocho años. Su cadáver fue robado y se pidió un rescate de seiscientos mil dólares por su devolución.

Cuando en 1863 los restos de Beethoven fueron exhumados para ser trasladados alguien cortó dos piezas del cráneo, y mientras el resto de sus huesos recibía de nuevo sepultura, estos dos suvenires fueron pasando de mano en mano y actualmente se encuentran en California. No es el único músico cuya cabeza ha causado pasiones: la de Haydn también fue robada poco después de su muerte. En 1898, el gobierno español pidió que los restos de Goya, que había muerto en Burdeos, fueran exhumados y trasladados a España. La sorpresa al abrir el féretro fue que el cráneo no estaba. El cónsul español mandó un telegrama a Madrid: «*Esqueleto de Goya sin cabeza. Por favor enviar instrucciones*». La respuesta fue rápida «*Envíe a Goya, con cabeza o sin ella*» y sus restos se enterraron en la ermita de San Antonio de la Florida, donde pintó algunas de sus magníficas obras. El cráneo de Goya nunca se ha encontrado.

📖 PARA LEER MÁS:

- Davidson JM (2007) Resurrection Men' in Dallas: The illegal use of black bodies as medical cadavers. *Int J Historical Archaeol* 11:193-220.
- Dickey C (2015) The skull robbers: how celebrity culture lost its head. *The Guardian*. http://www.theguardian.com/commentisfree/2015/jul/17/skull-robbers-celebrity-culture-murnau-goya-beethoven-haydn?CMP=twt_gu
- Killgrove K (2015) How Grave Robbers And Medical Students Helped Dehumanize 19th Century Blacks And The Poor. Slate. http://www.forbes.com/sites/kristinakillgrove/2015/07/13/dissected-bodies-and-grave-robbing-evidence-of-unequal-treatment-of-19th-century-blacks-and-poor/
- Nystrom K (2014) The bioarchaeology of structural violence and dissection in the 19th-century U.S. *American Anthropologist* 116(4): 765-779.

Jenofonte y la miel

Jenofonte fue un historiador, militar y filósofo griego de los siglos V y IV a. C. Durante el gobierno de los Treinta Tiranos, se unió a un formidable ejército de mercenarios que marcharon a combatir a Persia, la Expedición de los Diez Mil. Estos griegos fueron contratados por el príncipe persa Ciro el Joven —con quien Jenofonte trabó amistad— que se había sublevado contra su hermano mayor Artajerjes II, el rey de Persia.

Ciro murió en la batalla de Cunaxa, lo que produjo la desbandada de su ejército. Los mercenarios griegos, sin embargo, se mantuvieron invictos y unidos bajo el mando del comandante espartano Clearco. En las negociaciones que siguieron con los mandatarios persas, Clearco y los principales comandantes griegos fueron decapitados a traición, por lo que los soldados griegos tuvieron que elegir nuevos líderes en medio del caos. Entre estos dirigentes estaba el propio Jenofonte de Atenas, quien guió a sus compañeros, abriéndose paso por miles de kilómetros de territorio hostil. Remontaron el río Tigris y atravesaron Armenia por una ruta de casi cuatro mil kilómetros a través de tierras enemigas, hasta llegar a la colonia griega de Trapezunte (actual Trabzon, Turquía), en la orilla sur del mar Negro. Al alcanzar la costa, los soldados supervivientes empezaron a gritar de alegría: «θάλασσα, θάλασσα» («*Thalassa, Thalassa*», «El mar, el mar»). El relato de Jenofonte sobre esta expedición lleva por nombre *Anábasis*, que significa «subida o marcha tierra adentro», y es su obra más conocida.

Rhododendron ponticum
[Peter Simon Pallas, *Flora Rossica*, St. Petersburg: J. J. Weitbrecht, 1784-88].

150

Según atravesaban Asia Menor camino del mar Negro, les ocurrió un suceso singular en las tierras de Colchis. Esta región del sur del Cáucaso corresponde a la actual Georgia y era el hogar mitológico de Dionisos, el dios del vino y la locura. El ejército llevaba merodeadores que buscaban comida y que se alegraron al encontrar numerosas colmenas. La miel fue muy bien recibida por los soldados, que la tomaron de postre de su rancho. Sin embargo, entre una y dos horas después de comer, empezaron a comportarse como si hubieran perdido el juicio o hubieran caído bajo la influencia de un hechizo, derrumbándose por cientos. Jenofonte contaba que las hasta entonces orgullosas tropas griegas estaban ahora abatidas y derrotadas, sin poderse levantar del suelo. Al cabo de unos pocos días se fueron recuperando y, aún sintiéndose débiles, reiniciaron su marcha hacia el oeste, hacia la patria.

Los soldados griegos no lo sabían pero el motivo había sido el tipo de miel, hecha a partir de las flores de los rododendros, en particular de una especie llamada *Rhododendron ponticum*. Esta planta es abundante en el sur de España, en Portugal y en los alrededores del mar Negro, pero también se encuentra en Nepal, Japón, Brasil y algunas regiones de Norteamérica. En sus tareas de recolección, las abejas consumen los productos tóxicos que pueda haber en el néctar de las flores y entre ellos se encuentran ocasionalmente productos artificiales como insecticidas o fertilizantes, productos naturales que la propia planta sintetiza para defenderse de los herbívoros, y etanol, resultado de la fermentación alcohólica de materia orgánica. En algunos casos los efectos de las sustancias son bastante similares en las abejas y en los humanos: un ejemplo es el etanol, lo que permite que las abejas sean utilizadas como organismo modelo en estudios sobre el alcoholismo. Sin embargo, hay otros productos que son tóxicos para el hombre pero no para los insectos y que pueden por tanto ser recolectados junto con el néctar e incorporados en la miel en una cantidad significativa.

La pregunta es: ¿para qué pone la planta moléculas potencialmente tóxicas en el néctar? Podemos entender que los tenga en las hojas o en los frutos verdes para que

Una abeja pecoreadora liba en una flor [Serg64].

no sean comidos por los herbívoros, ¿pero en esa agua azucarada que utiliza para atraer a los polinizadores? Los análisis bioquímicos han podido comprobar la existencia dentro del néctar de alcaloides, terpenos, glicósidos, moléculas basadas en el fenol y otras. La cafeína, por ejemplo, un alcaloide presente en quince géneros de plantas, está en cantidades suficientemente pequeñas para que no sea detectada por los órganos del gusto de los insectos, pero suficientemente alta para generar procesos adictivos, algo que conocen bien los forofos de este brebaje aromático. Los insectos polinizadores van más a menudo a plantas cuyo néctar contiene un poco de cafeína que a las que no lo contienen. Además, la cafeína consolida la memoria sobre la planta visitada y eso lo hace reforzando la conexión entre los ganglios cerebrales y las antenas del insecto, que es donde son recogidas y codificadas las moléculas odorantes.

Otros alcaloides, como la nicotina, permiten hacer una cierta selección de insectos. El sabor amargo de la nicotina repele a las abejas carpinteras, que se comerían el néctar sin hacer una polinización. Se ha visto que la planta hace un juego doble en su néctar: por un lado tiene bencilacetona que es fragante y atrae a los insectos. Cuando llegan allí se encuentran que el néctar sabe mal, a nicotina, y se marchan con rapidez. Este sistema consigue que una misma cantidad de néctar sirva para que muchos más insectos pasen por la flor, mejorando sus posibilidades reproductivas.

Plinio el Viejo, que destacó las virtudes de mieles de distintas zonas alrededor del Mediterráneo, advirtió también contra la *meli maenomenon*, la miel loca del mar Negro. Él fue el primero que habló de la toxicidad traída de los rododendros y otras plantas como las adelfas y las azaleas, que eran conocidas como «mataovejas», «destructoras del ganado» y «asesinas de caballos». Plinio llegó a plantear algunos antídotos como un hidromiel viejo, miel en la que hubieran muerto abejas, o ruda y pescado en salmuera para provocar el vómito. También indicó que la miel solo era loca en primavera, la razón puede ser que los rododendros florecen muy temprano y su néctar se utiliza sobre todo para la primera miel del año.

Estatua de Jenofonte en el parlamento, Viena, Austria [Renata Sedmakova].

Los soldados de Jenofonte no fueron los últimos en sucumbir a la miel tóxica del Cáucaso. Trescientos cincuenta años más tarde, el general romano Pompeyo se enfrentó a las tropas de Mitrídates VI del Ponto en el 65 a. C. Los aliados de Mitrídates, los *heptakometes*, colocaron colmenas con miel tóxica a lo largo de la ruta de las legiones romanas. Cuando los legionarios comieron la miel, al igual que los compañeros de Jenofonte, cayeron al suelo en medio de delirio y náuseas y tres escuadrones fueron rápidamente degollados. En el año 946, los enemigos rusos de la emperatriz Olga de Kiev aceptaron felices varias toneladas de miel fermentada hasta que empezaron a sentir sus efectos y los cinco mil fueron masacrados en medio de su estupor. Por último, una carnicería similar tuvo lugar en el 1489, no muy lejos de donde Olga había eliminado a sus enemigos, cuando un ejército de diez mil tártaros se encontró en un campamento abandonado barriles llenos de hidromiel tóxico que fueron también su perdición pues, tras caer bajo sus efectos, los rusos acabaron con ellos.

Durante siglos se pensó que esas historias de envenenamientos debidos a la miel eran una leyenda y que si hubo problemas fue tan solo por comer en exceso, o por la mala digestión de la miel en un estómago vacío. En 1875, J. Grammer, un cirujano norteamericano de la Confederación, describió que numerosos soldados del sur se habían intoxicado con miel y detalló algunos de sus síntomas: primero un cosquilleo por todo el cuerpo, después visión borrosa para terminar con un sentimiento de vacío, mareos y unas terribles náuseas. Los soldados no tenían control de sus músculos y parecían estar completamente borrachos.

En 1891, el científico alemán P. C. Plugge encontró un componente tóxico en miel de Trebisonda. Lo llamó andromedatoxina, y ahora se incluye como una de las grayanotoxinas, moléculas presentes en los rododendros, las azaleas y otras ericáceas de las que se han identificado dieciocho diferentes. Su modo de acción es unirse a canales iónicos de sodio en las membranas celulares, una de nuestras principales herramientas para la activación e inactivación de células, especialmente abundantes en las células musculares y las neuronas. La grayanotoxina incrementa la permeabilidad de los canales y deja a las células excitables despolarizadas. Las neuronas disparan con facilidad y lo hacen hasta que terminan agotadas. En los insectos esto se traduce en palpitaciones, parálisis y muerte.

Las grayanotoxinas no afectan a todos los insectos por igual. Se ha visto que los abejorros son prácticamente inmunes, que las abejas mineras son ligeramente afectadas y se las ve unos minutos tumbadas en el suelo agitando las patas en el aire, algo que recuerda a la imagen de los hoplitas de Jenofonte, mientras que las abejas melíferas mueren. La miel loca del mar Negro sería producida por una subespecie local de abeja melífera que habría desarrollado inmunidad a las grayanotoxinas a lo largo de la evolución.

En los humanos el curso habitual del envenenamiento es una irritación del sistema gastrointestinal, arritmias cardíacas y síntomas neurológicos. Entre las manifestaciones observables relacionadas con el sistema nervioso, donde los efectos son más potentes, se incluyen una sensación de ardor en la garganta, picor en la boca y la nariz, enrojecimiento de la piel y los ojos, vértigo, dolores de cabeza, náuseas, vómitos, salivación, entumecimiento, dolores abdominales parecidos a calambres, debilidad, visión borrosa, efectos visuales psicodélicos, visión en túnel, fiebre, ataques epilépticos, bradicardia, hipotensión y cambios en la conciencia. En algunos casos se ha encontrado hepatotoxicidad, asístoles, infartos de miocardio y bloqueos atrioventriculares, pero es raro. Los síntomas aparecen, de media, a los noventa minutos de haber ingerido la miel y se tratan normalmente con un poco de atropina.

La miel procedente de flores que contengan toxinas puede ser peligrosa, en algunos casos hasta llegar a producir la muerte, y hay otras plantas que generan néctar tóxico además de las ericáceas. Entre ellas están la datura, la belladona y el eléboro, la *Seriana lethalis* de Brasil, el *Gelsemium sempervirens* y la *Kalmia latifolia* en los Estados Unidos, y la *Melicope ternata* y la *Coriaria arborea* de Nueva Zelanda. Un tipo especial

es la miel producida cerca de los grandes campos de amapo-
las de Afganistán, que puede tener propiedades narcóticas.

En la actualidad sigue habiendo casos de envenenamiento
con miel loca, en particular en Turquía y otros países limí-
trofes con el Cáucaso. Curiosamente, la inmensa mayoría
de los casos son hombres y prácticamente todos de mediana
edad o superior. Un estudio de 2009 encontraba que de veintiún casos, dieciocho eran hombres y la edad media era de
55 años. En otro estudio más reciente, de 2014, sobre dieciséis casos diez eran hombres y la edad media era de 56,3 ±
12,2 años. ¿Se le ocurre alguna explicación? La razón es que
la miel de rododendro se usa como remedio natural para
algunos problemas de salud como la diabetes mellitus y la
hipertensión crónica, pero sobre todo se supone que tiene
efectos afrodisíacos, incrementando la actividad sexual. Los
hombres de cierta edad son siempre los más esperanzados
en algo que mejore su desempeño en la cama aunque haya
malas noticias debajo de ese dulzor, el de la miel, me refiero.

📖 PARA LEER MÁS:

- Demircan A., Keleş A., Bildik F., Aygencel G., Doğan N. O.,
  Gómez H. F. (2009) Mad honey sex: therapeutic misadventures
  from an ancient biological weapon. *Ann Emerg Med*, 54(6):
  824-829.
- Mayor A. (1995) Mad Honey! *Archaeology*, noviembre-diciembre,
  46(6): 32-40. https://www.academia.edu/966648/Mad_Honey_
- Pain S. (2015) Sweet deceit. *New Scientist*, 3018: 42-45.
- Yaylaci S., Kocayigit I., Aydin E., Osken A., Genc A. B., Cakar
  M. A., Tamer A. (2014) Clinical and laboratory findings in mad
  honey poisoning: a single center experience. *Niger J. Clin Pract*,
  17(5): 589-593.

El cirujano general del ejército de los Estados Unidos
William Alexander Hammond (1828-1900).

El cerebro de la sufragista

William Alexander Hammond (1828-1900) fue un peso pesado en la sanidad norteamericana. Nació en Annápolis y terminó la carrera de Medicina en la Universidad de Nueva York en 1848, a los veinte años. Tras unos meses llevando una consulta privada, se enroló en el ejército y sirvió como cirujano durante once años, participando en las guerras sioux. Durante ese período empezó a interesarse por el sistema nervioso, estudiando los venenos neurotóxicos, en particular los de las serpientes. En 1860 aceptó una plaza de profesor en la Universidad de Maryland y abandonó la vida militar. Al año siguiente, al declararse la Guerra de Secesión, pidió el reingreso en el ejército, y fue readmitido aunque sin reconocerle los servicios prestados. Su primera tarea fue diseñar una nueva carreta ambulancia pero el ambiente entre los federales era caótico y cuando el décimo Surgeon General, algo así como el ministro de Sanidad, fue despedido tras una discusión con el secretario de la Guerra, Abraham Lincoln nombró a Hammond para ese puesto, a pesar de que solo tenía treinta y cuatro años.

Hammond realizó numerosas reformas en la sanidad del Ejército de la Unión, organizó la evacuación y cura de miles de soldados heridos y enfermos, implantó un mayor rigor para el ingreso en el Cuerpo Médico militar, fundó nuevos hospitales, ordenó que las historias clínicas fuesen más completas y estandarizadas, creó un museo médico del ejército, recomendó que el cuerpo médico fuese permanente y no

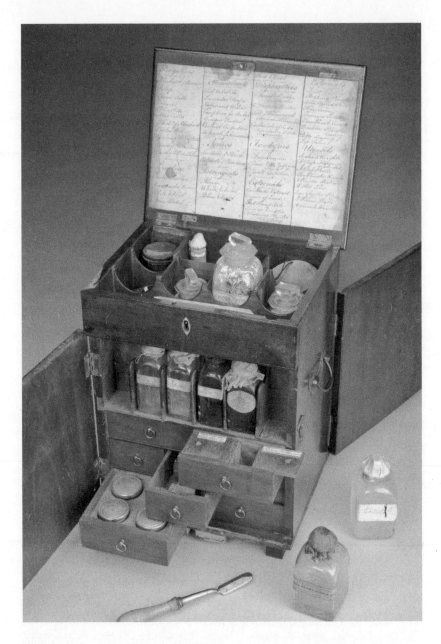

Un botiquín médico de caoba del siglo XIX. Incluye tratamientos eméticos y diaforéticos, también purgantes como el ruibarbo, el japón y, como no, el calomel. También opio, astringentes y estimulantes como el jengibre y la lavanda. Contiene un inventario escrito a mano que enumera los medicamentos y un conjunto de escalas, pesas y una espátula [Museo de ciencias, Londres].

reclutado a la carrera en época de conflicto y estableció un sistema farmacéutico centralizado. Esto último le causó graves problemas, pues en mayo de 1863 retiró de los botiquines médicos el calomel, un compuesto de cloruro de mercurio que se tomaba como laxante, emético, desinfectante, para la sífilis y para la fiebre amarilla. Se administraba en tal cantidad que a la gente se le caía el pelo y los dientes. Muchos de sus colegas se lo tomaron mal, pensaron que restringía su libertad de receta y que no les daba ninguna opción terapéutica alternativa y estalló lo que se llamó «la rebelión del calomel», que terminó con la carrera política de Hammond. El calomel, por cierto, a pesar de su toxicidad se siguió utilizando hasta bien entrado el siglo xx —1954 en Inglaterra— como blanqueador dental.

Con la ayuda de algunos amigos, Hammond se estableció en Nueva York y obtuvo una plaza de profesor de neurología en el Hospital Bellevue y en la Universidad de Nueva York. En la década de 1870 decidió que solo trataría a personas con patologías cerebrales o enfermedades mentales, así que fue el primer médico estadounidense en convertirse —por decisión propia— en un especialista, en un neurólogo. Fue uno de los primeros que experimentó con el litio para el tratamiento de las manías, fundó la Asociación Neurológica Americana y publicó un importante Tratado sobre las enfermedades del sistema nervioso. Le encantaba escribir y desarrolló una nueva faceta como divulgador científico.

Helen Hamilton Gardener (1853-1925), nació como Alice Chenoweth, pero adoptó el primer nombre como seudónimo literario y años más tarde, como su propio nombre. Recibió una excelente educación y tuvo un gran interés por la ciencia. Tras terminar su formación en la Escuela Normal de Cincinnati, trabajó como maestra durante dos años, pero dejó la profesión al casarse en 1875. Junto con su marido, veinte años mayor que ella, se trasladó a Nueva York cinco años después. Allí asistió a clases de biología en la Universidad de Columbia como alumna libre y empezó a escribir para revistas y editoriales. En torno a 1888 se convirtió en sufragista.

Helen Hamilton Gardener, 1920 [Harris & Ewing, Library of Congress].

La interconexión entre nuestros dos personajes tuvo lugar porque Hammond se interesó por las diferencias entre el cerebro masculino y el femenino, sobre la educación de las mujeres y sobre el voto femenino. Hammond escribió sobre una paciente:

> *Me sucede a menudo ver a jóvenes damas cuyo sistema nervioso está exhausto y por lo tanto se convierte en irritable, debido a una intensa dedicación a los estudios, para la cual su mente no está preparada. No hace muchos días que vino una señora con su hija por una irritación espinal* [probablemente una fibromialgia], *con todos los desequilibrios mentales añadidos y encontré, después de la exploración, que a esta niña de dieciséis años, que no deletreaba correctamente, le obligaban a estudiar ingeniería civil y trigonometría esférica, temas que probablemente le fueran de menor utilidad que aprender el lenguaje de Tombuctú. En mi opinión, las escuelas como a la que ella iba han hecho más por desexualizar a las mujeres que todas las extravagancias sobre las que charlamos, como el derecho al voto o a llevar pantalones.*

Hammond singularizó las dificultades para las matemáticas de las niñas como una muestra de la inferioridad de sus mentes e intentó sustentar esas teorías en la estructura cerebral. Argumentó que la educación debía atender y respetar las diferencias entre sexos y no intentar hacer un programa común para hombres y para mujeres. A lo largo de las décadas de 1870 y 1880 fue reuniendo información y finalmente declaró que el cerebro femenino era inferior al masculino según diecinueve criterios, incluyendo menos peso, menos circunvoluciones y una sustancia gris más fina. Hammond afirmó además que cuanto más grande fuese el cerebro, mayor era el poder mental de la persona y el de las mujeres era más pequeño.

Aun encajando en el *Zeitgeist* era un duro golpe para la causa sufragista, pues Hammond era un médico prestigioso, era supuestamente una opinión «científica» y lo que subyacía era si un cerebro supuestamente inferior podía tener los mismos derechos civiles, en particular el voto. Hammond

Elizabeth Cady Stanton, sentada, y Susan B. Anthony, entre 1880 y 1902
[Library of Congress].

también fue más allá declarando que «*debido a importantes razones anatómicas y fisiológicas el progreso de esta revolución* [la de los derechos civiles de las mujeres] *debe ser detenido y al contrario que el desarrollo normal de los procesos revolucionarios, este debería hacerse involucionar*». Y más aún, «*el cerebro de las mujeres está perfectamente preparado para el estatus propio de la mujer en el plan establecido de la naturaleza, pero esos cerebros darían lugar inevitablemente al peor legislador, al peor juez, al peor comandante de un buque de guerra*». Era una forma indirecta de decir que dar a las mujeres similares expectativas y posibilidades que a los hombres significaría el derrumbe de la sociedad. Según aquellas teorías, las mujeres eran intuitivas, no desarrollaban la abstracción; eran imitativas, no originales y eran emocionales, no racionales. En realidad era el pensamiento de la época, pero Hammond era el primero que lo justificaba apelando a la estructura cerebral, una referencia objetiva, un impacto en la línea de flotación del sufragismo.

Las sufragistas respondieron inmediatamente. Antoinette Brown Blackwell denunció lo evidente, que nadie había demostrado que un cerebro más grande significase más inteligencia. También argumentaron que los cerebros de los hombres eran más grandes porque era necesario para controlar cuerpos más grandes. Elizabeth Cady Stanton apuntó a otro flanco débil: las conclusiones sobre los cerebros femeninos de Hammond carecían del cuidado escrupuloso en los procedimientos que caracterizaban otros tipos de estudios científicos. Otras señalaron que si el tamaño cerebral indicaba la inteligencia, los elefantes deberían dominar a los humanos y los gigantes tendrían que gobernar el planeta. Pero para Gardener aquella fue su batalla. Ella no podía hacer experimentos en cerebros humanos, pero preparó una lista de preguntas a veinte de los principales expertos en cerebro del país; todos ellos eludieron la cuestión diciendo que el principal experto mundial en anatomía cerebral era Edward C. Spitzka. Spitzka se mostró esquivo, pero según Helen «*habiendo descubierto previamente que incluso los anatomistas del cerebro están sujetos al hechizo de las buenas ropas*», se puso su mejor vestido y consiguió entrevistarse con él. No sabe-

[Superior] Un grupo de mujeres, probablemente sufragistas o miembros del Partido Nacional de la Mujer, en Washington, entre 1923 y 1929 [Harris y Ewing, Library of Congress] [Inferior] Tres sufragistas durante una votación en la ciudad de Nueva York (c. 1917) [Library of Congress].

mos si gracias a la ropa o mucho más probablemente a su inteligencia, logró que le ayudara. Los estudios de Gardener, bajo la tutela de Spitzka, permitieron concluir que el cerebro femenino no era diferente del masculino. Gardener también atacó las conjeturas y los prejuicios de Hammond y señaló que la diferencia entre los logros de hombres y mujeres se correspondían con las oportunidades que habían tenido unos y otras, no con su aptitud, no con su capacidad.

Entre Hammond y Gardener se estableció un debate público. Los veinte expertos a los que había escrito Gardener, sorprendidos de que Spitzka se hubiera puesto de su lado, contestaban sus preguntas y le ayudaban a afinar sus argumentos. Hammond cometió el error de subestimar a su adversaria y, mientras él contestaba con anécdotas o burlas, ella proporcionaba datos y más argumentos. Gardener le preguntó por qué no se habían descrito similares diferencias en los cerebros de animales macho y hembra, poniendo las ideas darwinistas de su parte, y finalmente le retó: si podía determinar el sexo de veinte cerebros que le prestarían sus amigos anatomistas, ella se retiraría del debate. Hammond se negó y sugirió, en cambio, proporcionarle a ella veinte pulgares para que identificara el sexo de las personas de donde venían. Era evidentemente una ridiculez y el *Woman's Tribune*, el líder de la prensa feminista, rugió de satisfacción: si Hammond no había aceptado el reto, «*no queremos volver a oír nada más de él sobre el tema de la inferioridad femenina*».

El alegato final de Gardener fue demoledor: las mujeres habían «*dado la bienvenida a la ciencia como su amiga y aliada*», solamente para tenérselas que ver con «*pseudociencia*» con «*teorías manufacturadas, estadísticas inventadas y prejuicios personales publicados como si fueran hechos demostrados*». En contra del planteamiento inicial: el ataque de un médico investigador, ellas demostraron que la ciencia estaba de su parte. El trabajo de ese grupo de mujeres consiguiendo datos propios y realizando estudios de calidad abrió puertas mucho más sólidas que los prejuicios sexistas de Hammond. Aquellas sufragistas que decidieron que su camino para defender su derecho al voto pasaba por el método científico se ganaron el derecho a discutir sobre sus cuerpos, demostraron que la menstruación era una función saludable y no una enfermedad, y consiguieron galvanizar el apoyo social a favor de la educación de las mujeres.

Como hicieron con el Cid, Gardener quiso ganar una última batalla después de muerta. En 1897 donó su cerebro a la Cornell Brain Association para que pudieran estudiarlo tras su fallecimiento. En su testamento, Gardener explicó que Burt Wilder, el fundador de la colección de cerebros de Cornell, le pidió que enviara su cerebro como «*representante de los cerebros de las mujeres que han usado su intelecto para el bienestar público*» y que habiendo pasado su vida «*usando ese cerebro que poseo intentando mejorar las condiciones de la humanidad y especialmente de las mujeres*» accedía feliz a aquella petición. Cuando murió, en 1925, su cerebro fue extraído, conservado en formol y enviado a Cornell para su estudio. El peso, 1 150 gramos, fue considerado razonable para una persona de su altura, 1,52 metros y su peso, 42 kilogramos. James Papez, que fue el encargado de estudiarlo, dijo que ciertas medidas de su morfología sugerían unas «dotes cerebrales» en las áreas asociativas indicando posibles logros y que el cerebro de Helen Gardener mostraba un gran desarrollo en las áreas corticales implicadas en el «trabajo escolástico y literario». No parece fácil que Papez hubiese llegado a las mismas conclusiones si no hubiera conocido a la propietaria de aquel cerebro.

Llevamos casi tres siglos midiendo y pesando cerebros, analizando el tamaño del cerebro de Laplace o las células del de Einstein, usando estos datos para apoyar nuestros intereses y nuestros prejuicios. La polémica sobre el peso cerebral y la inteligencia ha seguido a lo largo de todo el siglo XX, pero no es eso lo más importante, sino qué hicimos mientras con el resto de la humanidad: las mujeres, las razas no blancas, los distintos. Stephen Jay Gould lo dijo muy bien: «*Estoy, en cierta manera, menos interesado en el peso y las circunvoluciones del cerebro de Einstein que en la casi segura certeza de que personas con un talento similar han vivido y han muerto en los campos de algodón y en los talleres clandestinos*».

📖 PARA LEER MÁS:

- Freemon F. R. (2001) William Alexander Hammond: the centenary of his death. *J Hist Neurosci* 10(3): 293–299.
- Hamlin K. A. (2007) Beyond Adam's Rib: How Darwinian Evolutionary Theory Redefined Gender and influenced American feminist thought, 1870-1920. http://repositories.lib.utexas.edu/handle/2152/3234
- Sue K. (2014) Women of Doubt: Helen Hamilton Gardener waged a battle of brains. http://overthecuckoonest.blogspot.com.es/2014/09/women-of-doubt-helen-hamilton-gardener.html

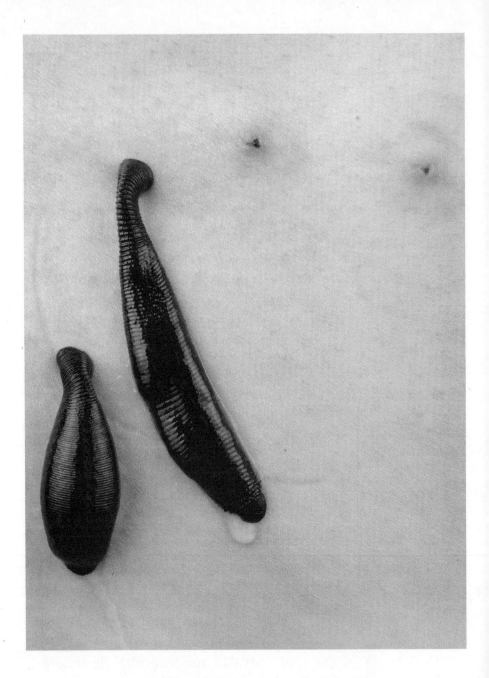

Sanguijuelas medicinales y algunas de las lesiones
que pueden producir en la piel [SeDmi].

Sanguijuelas medicinales

¿Eres sanguíneo, flemático, colérico o melancólico? La teoría de los humores de Hipócrates explicaba que la salud era un equilibrio entre cuatro líquidos que poblaban el cuerpo: sangre, flema, bilis amarilla y bilis negra. La predominancia de uno u otro marcaba esos cuatro tipos de personalidades en los seres humanos y la enfermedad era fundamentalmente una alteración en las proporciones o composición de los humores.

Una de las medidas más obvias para tratar las afecciones y volver a un comportamiento normal era intentar restaurar unas proporciones adecuadas entre esos fluidos, por lo que un procedimiento vigente durante siglos fue eliminar el supuesto exceso de sangre. Para ello ha habido dos tratamientos fundamentales: las sangrías terapéuticas o flebotomías —el famoso yelmo de don Quijote es una bacía con una hendidura para apoyar el brazo y favorecer la limpieza mientras te sangraban— y las sanguijuelas. Las primeras eran realizadas por profesionales, normalmente barberos-cirujanos y podían eliminar una cantidad importante de sangre, acabando a veces con el paciente. Las sanguijuelas, por su lado, formaban parte mayoritariamente del ámbito de la medicina popular, extraían una cantidad de sangre mucho menor y eran colocadas ocasionalmente por expertos sin apenas formación.

La sanguijuela es un anélido —al igual que la lombriz de tierra—, un gusano segmentado hermafrodita que vive en agua dulce (charcas, pantanos, arroyos...) y que se ali-

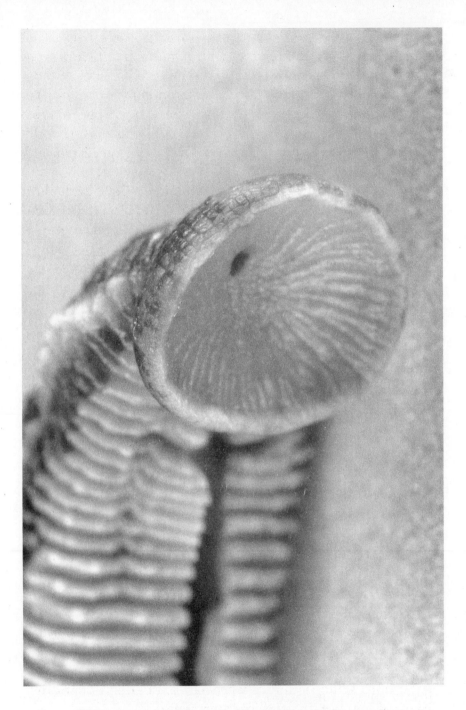

Visión ventral de la ventosa de *Hirudo medicinalis*, da paso a la cavidad oral donde se encuentra la mandíbula [Photowind].

menta de la sangre de una gran variedad de especies: de ranas a caballos, de caimanes a humanos. Cuando localizan una presa, por las ondas que crea en el agua o en el caso de los mamíferos por el calor que desprenden, se fijan por su extremo anterior haciendo ventosa con la boca, hacen unos cortes en la piel con tres mandíbulas afiladas en forma de «Y» que tiene cada una unos cien dientes, y empiezan a succionar sangre. Aunque es discutido, se cree que su saliva contiene algún anestésico para que no detectes que tienes un gusano colgado chupándote la sangre. Después, utilizan una batería de anticoagulantes, las hirudinas, que hacen que la sangre siga fluyendo sin coagulaciones ni procesos hemostáticos. Recientemente se ha visto que hay tres diferentes de hirudinas, lo que abre un campo de estudio para generar nuevos fármacos.

La sanguijuela acumula la sangre en una cavidad digestiva que puede alcanzar un volumen seis veces superior al del propio animal y la digiere muy lentamente en un proceso simbiótico con bacterias. Produce también antibióticos que impiden que los microorganismos corrompan la sangre, permitiendo su total aprovechamiento. El sistema de almacenamiento y digestión lenta es tan eficaz que una sanguijuela puede vivir con tan solo alimentarse una o dos veces al año.

La más usada es la que Linneo denominó *Hirudo medicinalis* o sanguijuela medicinal que se ha empleado en Medicina desde hace más de cinco mil años, y aparece en los papiros médicos egipcios, en la *Biblia* (*Proverbios* 30: 15) y en el *Corán*. La sura 23 del libro santo del islam relata un particular proceso embrionario de formación del hombre. «*Y ciertamente, nosotros creamos al hombre de un extracto de arcilla, y luego le hicimos una pequeña semilla en una estancia firme, y luego hicimos de la semilla una sanguijuela, un trozo de carne; luego le pusimos huesos, vestimos los huesos con carne y después le hicimos crecer hasta ser otra criatura*». Bastante más complejo que la descripción en el libro santo de judíos y cristianos, donde saltamos del barro al hombre sin estadios intermedios.

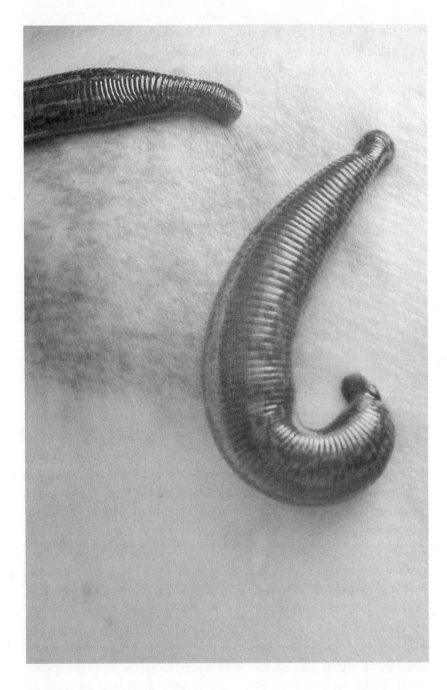

Dos ejemplares de *Hirudo medicinalis* sobre un hematoma [Sergei Primakov].

Los anélidos medicinales se han usado para una amplia gama de patologías, en particular del sistema circulatorio, entre las que se incluían las varices, los hematomas, la «sangre gruesa», el «exceso de sangre», la «purificación de la sangre», la hipertensión, la hematocromatosis, la trombosis y las hemorroides. De hecho, según Dionisio Daza Chacón, cirujano vallisoletano del siglo XVI, no usar sanguijuelas para tratar unas almorranas fue la causa de la muerte de Juan de Austria, el vencedor de Lepanto:

> *Este remedio de las sanguijuelas es muy mejor y más seguro que el rajarlas ni abrirlas con lanceta, porque de rajarlas algunas veces se vienen a hacer llagas muy corrosivas, y de abrirlas con lanceta lo más común es quedar con fístula y alguna vez es causa de repentina muerte; como acaeció al serenísimo don Juan de Austria, el cual, después de tantas victorias (principalmente la batalla naval, cosa nunca vista, ni aun oída en todos los tiempos pasados) vino a morir miserablemente a manos de médicos y cirujanos, porque consultaron (y muy mal) darle una lanceteada en una almorrana, y proponiéndole el caso, respondió: aquí estoy, haced lo que quisiéredes. Diéronle la lanceteada, y sucediole luego un flujo de sangre tan bravo que con hacerle todos los remedios posibles, dentro de cuatro horas dio el alma a su Creador; cosa digna de llorar y de gran lástima. Dios se lo perdone a quien fue causa… Si yo hubiera estado en su servicio, no se hiciera un yerro tan grande como se hizo.*

Como vemos el doctor Daza no era precisamente modesto y la muerte de don Juan no fue precisamente gloriosa. Las sanguijuelas se emplearon también para otra amplia serie de condiciones no directamente relacionadas con la sangre incluyendo la gastroenteritis, la tuberculosis, la neumonía, el reuma, la gangrena, las fiebres altas, la gota, el sarampión, los dolores intensos, el ictus y el cáncer. Las sanguijuelas se colocaban en distintas zonas incluyendo los muslos, detrás de las orejas y la vulva o en la zona afectada, por ejemplo cerca del hematoma en un ojo morado. Para los amantes de

Herramientas para realizar sangrías y un recipiente para conservar las sanguijuelas con fines medicinales [Colonial Williamsburg Foundation].

lo truculento, hay casos documentados de presencias inesperadas de sanguijuelas en la faringe, la laringe, la cavidad nasal y la vagina, simplemente por nadar y tener mala suerte.

Es poco conocido que España fue una potencia sanguijuelera. Las zonas inundadas de Doñana, la laguna de Antela (Ourense) y el delta del Ebro, por poner algunos ejemplos notables, proporcionaron un amplio suministro de anélidos tanto para el consumo local como internacional. Una ley de 1827 decretaba un canon de diez reales por cada libra de sanguijuelas exportada y responsabilizaba de su cobro a las aduanas de Vitoria, Orduña, Ágreda, Canfranc y La Junquera, buena prueba de la demanda francesa. Otros decretos y leyes establecieron normas que regulaban su captura, actualizaban los impuestos y prohibían la importación de anélidos foráneos. El proteccionismo económico no nació ayer.

Los farmacéuticos españoles plantearon que se vendieran de forma exclusiva en sus establecimientos con los mismos argumentos que para los demás medicamentos: precios estables, suministro garantizado, garantías de una correcta identificación de la sanguijuela y niveles adecuados de calidad y limpieza. Todo ello se lo llevó el tiempo al dejar de estar de moda la llamada hirudoterapia, y quedaron las sanguijuelas, esquilmadas; sus hábitats, desecados, destruidos o contaminados y una nueva medicina, que desconfiaba a menudo con razón de los remedios naturales, entregada a las nuevas tecnologías sanitarias.

El negocio se mantuvo hasta la mitad del siglo xx. Durante ese tiempo, España fue uno de los principales exportadores de sanguijuelas junto con Hungría, Italia, Turquía, Egipto y Argelia, y algunos de los negocios se volvieron internacionales como el fundado por Manuel Peña y Esperanza Orellana, un matrimonio andaluz que montó en Tánger un negocio de exportación del anélido hematófago con el que hicieron fortuna. Con setecientas cincuenta mil pesetas de ese dinero, una cantidad inmensa en 1913, Manuel y Esperanza promovieron la construcción del Gran Teatro Cervantes, la instalación cultural más importante del norte de África, ahora abandonado y en ruinas, y propiedad del Estado español.

El uso de las sanguijuelas siguió incluso pasada la Segunda Guerra Mundial. El periódico *ABC* (edición de Andalucía) del 28 de septiembre de 1945 contaba, con esa buena prosa de los periodistas del siglo pasado, lo siguiente:

> [...] *un poderoso Clipper transatlántico llegó hace unos días a Lisboa para llevarse un cargamento misterioso. Acostumbrados como andamos a la pedantería pseudo-científica, todo el mundo creyó en el uranio, el wolframio o alguno de esos cuerpos incomprensibles que existen y no existen. Alguna vez, sin embargo, no iban a tener razón los pedantes. El avión se llevaba un cargamento castizo y casi heroico: 2000 sanguijuelas lusas para las farmacias de Nueva York. Parece ser que ninguna sanguijuela es más feroz que la ibérica; por lo visto, solo aquí, sobre esta tierra dura y arisca, quedan sanguijuelas que muerden y chupan todavía, como es su inmemorial deber.*

No son muy nuevas, que digamos, las noticias sobre la bondad de nuestras sanguijuelas. Ya en 1837, Francia importaba muchos millones de sanguijuelas españolas, unos 35 millones, ya que entonces el mercado francés dedicado a la sangría necesitaba la cifra aterradora de 55 millones de sanguijuelas anuales. Por aquellos dulces tiempos, una sanguijuela valía una perra gorda y con sus tres filas de dientes diminutos valía para todo. Fue la época de la ventosa cuando sacar sangre con estas bombas hidráulicas minúsculas era como extraer el agua de las enfermedades. *El Lunario de Cortes*, un delicioso libro lunático, nos cuenta como una sanguijuela sobre el estómago quita el dolor del mismo; otra sobre los muslos, la apostema; y media docenita de ellas, vivitas y coleando, sobre el cuello, bajan la «hinchazón de las cejas» y aclaran la vista. Según otro libelo, romántico, una buena cura de sanguijuelas alivia mucho las fiebres del amor.

Con tantas aplicaciones y tanta demanda, el negocio era saneado. Para capturarlas se usaban redes cerca de los pasos del ganado o se empleaba la piel de una oveja recién desollada o un hígado fresco sumergiéndolo en el agua. Un tercer truco, el más utilizado por los cazadores de sanguijuelas, era caminar por las zonas apropiadas con los pies y las piernas desnudas y luego proceder a su recolección. Tras su uso, los gusanos hematófagos eran sumergidos en agua con salvado que causaba su vómito y permitía que pudiera ser reutilizadas. En otros casos, ya en la segunda mitad del siglo XX, se sabe que eran incineradas tras su aplicación. En esta tierra nuestra de empresarios miopes y cortoplacistas se produjo una sobreexplotación que arrasó las existencias y que se intentó paliar con la cría de los hirudíneos. Fue famosa la granja de sanguijuelas que tuvo José Vilá en la antigua villa de Gracia, actualmente un barrio de Barcelona, y bastantes hospitales establecieron depósitos de sanguijuelas vivas para atender a sus pacientes.

Las sanguijuelas están experimentando un resurgimiento. Los cirujanos han comprobado que permiten drenar la sangre congestionada en las venas facilitando el restablecimiento de la circulación, por ejemplo tras la reimplantación de un dedo o un colgajo libre, técnicas fundamentales en cirugía plástica y reparadora. Al parecer fue el reimplante exitoso de una oreja desgarrada en un niño, muy difícil por el diminuto diámetro de los vasos, el caso que volvió a llamar la atención sobre la utilidad de las sanguijuelas. Varios estudios de la última década concluyen que la hirudoterapia produce un alivio de la osteoartrosis en la rodilla. También se han utilizado como organismo modelo para el estudio del sistema nervioso por su sencillez y fácil accesibilidad. Finalmente, los biólogos de campo están estudiando el ADN de la sangre acumulada en las sanguijuelas para tener pruebas sobre la pervivencia de especies en peligro de extinción, confiando que animales esquivos y difíciles de ver hayan sido presa del anélido estudiado.

Este nuevo interés ha hecho que distintas empresas de Alemania, Inglaterra y Estados Unidos hayan retomado la cría y distribución de la sanguijuela, donde son tratadas como productos medicinales o instrumentos médicos. España parece que no es capaz de hacer I+D+I ni en los campos en los que fue líder durante siglos.

PARA LEER MÁS:

- De las Cuevas J (1945) A vuelo de las olas. *ABC* 28 de septiembre, p. 6. http://hemeroteca.abc.es/nav/Navigate.exe/hemeroteca/sevilla/abc.sevilla/1945/09/28/006.html
- Green A (2015) How Scientists Use Leeches to Locate Rare Animals. *Mental Floss* http://mentalfloss.com/article/68539/how-scientists-use-leeches-locate-rare-animals.
- Manrique Sáez MP, Ortega Larrea S, Yanguas Jiménez P (2008) La sanguijuela, un gusano en la historia de la salud. *Index Enferm* 17(4): http://scielo.isciii.es/scielo.php?pid=S1132-12962008000400016&script=sci_arttext&tlng=e
- Michalsen A, Moebus S, Spahn G, Esch T, Langhorst J, Dobos GJ (2002) Leech therapy for symptomatic treatment of knee osteoarthritis: results and implications of a pilot study. *Altern Ther Health Med* 8(5): 84-88.
- Miera M (2013) Tánger ve hundirse al Teatro Cervantes. *El Diario 13* de diciembre. http://www.eldiario.es/politica/Tanger-ve-hundirse-Teatro-Cervantes_0_206830175.html
- Vallejo JR, González JA (2015) The medical use of leeches in contemporary Spain: between science and tradition. *Acta medhist Adriat* 13(1): 131-158. http://www.pbs.org/wnet/nature/bloody-suckers-leech-therapy/11360/

Neurociencia de la tortura

Las historias de ficción, en el cine, la literatura y la televisión, nos enfrentan a las contradicciones reales que implica la práctica, más o menos oculta, de la tortura en nuestras sociedades, obligándonos como espectadores, pero también como ciudadanos, a cuestionarnos su validez y su permisividad. Estas ficciones, en las que a menudo se manipula emocionalmente al espectador, suelen instarnos a elegir entre unos principios morales que creemos incuestionables y la posibilidad de salvar las vidas de un grupo incierto de personas inocentes. Generalmente todo suele salir bien, la tortura se mantiene dentro de los límites de lo aceptable, a menudo basta con la amenaza, y el prisionero confiesa dónde han puesto la bomba y entrega a sus secuaces. Pero la realidad no suele ser así. Nunca es así.

Esta época, en las que todos estamos marcados por los atentados de Nueva York, de París o de Madrid y la escalada de alarma y peligro que han conllevado en nuestro entorno, se alzan las voces que piden medidas excepcionales para hacer frente a la amenaza terrorista: declaraciones de guerra, cambios en los códigos penales, restricción de derechos civiles, bombardeos preventivos o de castigo y un largo etcétera. El uso de la tortura con el fin de obtener información que permita evitar atentados o perseguir células terroristas es uno de estos límites, un delito marcado claramente por la Declaración de Derechos Humanos y otros convenios y que, sin embargo, ha sido ignorado y pisoteado repetidamente en situaciones como las que hoy vivimos.

Wilson Chinn, a branded slave from Louisiana; also exhibiting instruments of torture used to punish slaves.

Photographed by Kimball, 477 Broadway, N. Y.

Ent'd accord'g to act of Congress in the year 1863, by Geo. H. Hanks, in the Clerk's Office of the U S for the So. Dist. of N. Y.

Wilson Chinn, un esclavo de Louisiana, exhibiendo instrumentos de tortura utilizados para castigar a los esclavos.

Es necesario alertar de los peligros que implica para los ciudadanos, para nuestro Estado de derecho y para las libertades que son nuestro principal patrimonio, prescindir a conveniencia de nuestros principios éticos. También la ciencia, pese a que algunos aún la consideren como una mera herramienta, puede y debe participar en este debate en el que se ve inmersa nuestra sociedad, aportando argumentos y reflexiones, así como sus herramientas más valiosas, la objetividad, el espíritu crítico y el análisis y la contrastación de los datos. Veamos, por tanto, qué pueden decirnos sobre la tortura y su pretendida efectividad —principal argumento de quienes la defienden— los estudios realizados desde el campo de la neurociencia, ese área de la ciencia especializada en el sistema nervioso y, por tanto, en el cerebro.

En diciembre de 2014 se hizo público el resumen de una investigación impulsada por el Comité de Inteligencia del Senado de los Estados Unidos sobre las prácticas de tortura cometidas por la CIA en los primeros años de la llamada guerra contra el terror, puesta en marcha tras los atentados de las Torres Gemelas. Las conclusiones son espantosas y aunque solo se ha hecho público un sumario de quinientas páginas de las más de seis mil del informe, el extracto asegura que se torturó a más personas y de forma más brutal de lo que se había admitido hasta entonces, que la CIA manipuló a la opinión pública y a la prensa, engañó al poder legislativo y que, en contra de algunas declaraciones interesadas, de todo ello no salió ninguna información provechosa, nada. Además, la reputación internacional del país quedó gravemente dañada, el incumplimiento de los tratados internacionales, patente, y las posibilidades de ser un agente principal para una evolución positiva en el mundo islámico quedaron prácticamente anuladas. Una lección que los defensores de «*el fin que justifica los medios*» no deberían olvidar.

No hay estudios científicos, es decir, realizados en un entorno controlado y siguiendo las pautas establecidas para poder contrastar resultados, sobre la tortura. La ética lo impide, incluso si hubiera voluntarios. Desgraciadamente hay numerosas víctimas en las que se han podido explorar sus efectos físicos y psicológicos y también se han dedicado muchos esfuerzos a estudiar la tesis de si la tortura produce información veraz y si esta práctica terrible es realmente más eficaz que un interrogatorio normal. Estas son las principales conclusiones:

El cerebro torturado no funciona con normalidad

Los neurocientíficos sabemos que el sistema nervioso central reacciona al miedo, al estrés, al dolor, a las temperaturas extremas, al hambre, a la sed, a la privación de sueño, a la privación de aire, a la inmersión en agua helada, es decir, a todas las prácticas asociadas a la tortura. El estrés prolongado provoca una liberación excesiva de hormonas como el cortisol. Estas hormonas dañan el hipocampo —una estructura cerebral clave para codificar y recuperar memorias—, incrementan el tamaño de la amígdala —otra zona cerebral que une un componente emocional a la memoria, dirige la atención y se comunica con otras regiones cerebrales— y afecta negativamente a la corteza prefrontal —que se encarga de la toma de decisiones, el juicio y el control ejecutivo—. Estas intervenciones generan problemas en la memoria, alteran el ánimo y nublan la claridad mental y la toma de decisiones racionales.

Los torturadores esperan destruir la resistencia de la persona y obtener información fiable de un sujeto que no desea colaborar, pero el cerebro del sujeto está alterado en algunas de sus funciones básicas, con lo que es lógico suponer que su capacidad de proporcionar información fiable está gravemente alterada también.

La tortura altera los recuerdos

Con frecuencia el dolor y el estrés afectan al proceso de consolidación de lo que el detenido ha visto y vivido, es decir, distorsionan su memoria, haciendo que sea incapaz —incluso aunque lo desee— de recordar aquello sobre lo que se le pregunta. Las víctimas privadas de dormir están desorientadas y confusas y pueden convencerse a sí mismas de lo que los interrogadores están sugiriendo, creando pistas falsas. El sistema de muchos interrogatorios, repetir y repetir una historia bajo condiciones de estrés, es uno de los métodos más eficaces para introducir falsos recuerdos entre las memorias reales. Una investigadora lo comprobó con un grupo de personas, convenciéndoles de que siendo niños se habían perdido en un centro comercial. Comenzó diciéndoles, individualmente y de forma casual, que uno de sus padres se lo había comentado, después sugirió que imaginaran cómo podría había sido. Tras varias sesiones, un tercio de los voluntarios eran capaces de «recordar» cómo había sido esa experiencia que nunca existió.

La tortura pierde eficacia rápidamente

El dolor es un mecanismo de defensa que sirve para evitar al organismo un daño mayor. Cuando el daño ya es terrible, el dolor simplemente se apaga, algo que conocen muchas víctimas de un accidente de tráfico. Una tortura demasiado rápida causa normalmente que la persona pierda la sensibilidad o se desmaye. Además, diferentes personas tienen distintos umbrales para el dolor y algunos tipos de dolor enmascaran otros por lo que, aunque suene terrible, no es posible torturar de una forma científica, no hay forma de medirla y mantenerla dentro de unos límites. El torturador avanza a ciegas sobre las sensaciones de su víctima, las distintas sesiones suman abyección y miseria moral pero no avanzan en ningún sentido.

No hay niveles de tortura

Los torturadores lo saben y por eso siguen normalmente dos estrategias: aplicar el máximo dolor que su víctima pueda soportar, yendo al límite casi desde el comienzo y, en

Beatrice Cenci torturada en prisión en presencia de su madre, las autoridades religiosas y policiales (c. 1870) [Ricordi & Co., Library of Congress].

segundo lugar, explorar distintas técnicas, distintos tipos de agresión y dolor, intentando localizar las fobias y debilidades específicas de su víctima. Un resultado evidente es que las posibles normas sobre el grado de violencia aceptable se saltan siempre, no hay niveles aceptables de tortura, no hay nunca un uso limitado y medido, hay tortura y punto.

La tortura corrompe a la organización que la realiza y a todos los que participan

Los senadores norteamericanos, ante las conclusiones del informe, quedaron asombrados de la incompetencia de la CIA, con actuaciones que llevarían a la ruina a cualquier ferretería, como no saber dónde estaban las personas bajo su custodia, no atender a las quejas de sus empleados ni llevar a cabo estimaciones fiables del resultado de sus procedimientos. Rejali, un investigador dedicado al tema de la tortura, ha escrito que las instituciones que torturan, sea el ejército francés en Argelia, el ejército argentino en Argentina o la CIA en su lucha contra el terrorismo internacional, disminuyen su profesionalidad y eficacia al mismo tiempo que hunden su prestigio y su estatura moral.

La tortura degrada también a las personas que colaboran

Un grupo de directivos de la American Psychology Association (APA) se asociaron con mandos de la CIA y el Pentágono para evitar que la principal organización profesional de los psicólogos estableciera normas éticas que habrían impedido o dificultado la participación de estos profesionales en los «interrogatorios coercitivos» de Guantánamo. Tras la colaboración de estos directivos de enorme prestigio con las agencias de defensa existían intereses económicos, algo que ha sido un escándalo dentro de la profesión. Cuando estas actuaciones fueron conocidas, Nadine Kaslow, otra directiva de la APA, declaró que «*sus acciones, políticas y falta de indepen-*

dencia respecto a la influencia gubernamental demuestran que no se estuvo a la altura de nuestros valores. Lamentamos profundamente, y pedimos perdón por el comportamiento y las consecuencias que se derivaron. Nuestros asociados, nuestra profesión y nuestra organización esperaban, y merecían, algo mejor». Aquellas personas, que hasta entonces estaban entre las más respetadas de la profesión, quedaron convertidas para muchos compañeros en unos apestados.

La tortura impide la recogida voluntaria de inteligencia

El factor principal, tanto para resolver un asesinato como para hacer caer a una red terrorista, es la cooperación de la población. La tortura rompe la confianza entre los ciudadanos y las fuerzas de seguridad —el respeto y la afección hacia estas últimas disminuye y el miedo no sirve de puente— y hace que lo que antes era una investigación normal, bajo un paraguas de colaboración y reconocimiento mutuo, sea ahora mucho más difícil y mucho menos provechosa.

Las víctimas de la tortura aportan información que casi nunca es fiable

Información que además para los servicios de inteligencia es muchas veces contraproducente, haciéndoles gastar tiempo, dinero y recursos humanos y materiales en callejones vacíos y pistas falsas. Los prisioneros rápidamente aprenden que cuando hablan no les tienen la cabeza debajo del agua; es decir, hablar significa menos sufrimiento. Por lo tanto, hay que hablar a toda costa y no importa si lo que se dice es cierto o no lo es. Algunos detenidos intentarán dirigir a los torturadores hacia antiguos enemigos suyos, muchos mentirán y dirán cualquier cosa con la esperanza de que la tortura termine. El informe del Senado encontraba numerosos casos en ese sentido. De hecho, cuando el interrogado daba información veraz, a menudo no era creído, algo que le pasó al senador John McCain, uno de los impulsores del informe, cuando fue prisionero de guerra en Vietnam del Norte. Los estudios realizados demuestran que las agencias torturadoras son incapaces de distinguir la información falsa de la veraz.

La tortura daña la causa del torturador

La disonancia cognitiva necesaria para infligir daño conscientemente a un semejante desarmado genera unos síntomas parecidos a los del trastorno de estrés postraumático. Según el libro *None of Us Were Like This Before* (Verso, 2010) de Joshua Phillips, muchos de los veteranos estadounidenses que realizaron torturas en Irak experimentaron una intensa culpa, cayendo un alto porcentaje en el consumo de drogas. Los ingleses que torturaron en Irlanda del Norte también declararon que lo que habían hecho estaba mal, con lo que ello implicaba de caída de la moral y confianza en la propia causa.

Muchos torturados son inocentes

Un estudio del programa Phoenix, un proyecto de la CIA bajo cuyo amparo se torturó y asesinó a miles de personas durante la guerra de Vietnam, encontró —según Ryan Cooper— que por cada guerrillero del Viet Cong torturado se torturó a treinta y ocho inocentes. Otros estudios han encontrado que la proporción era incluso mayor, de setenta y ocho a uno.

La tortura es en ocasiones una vía hacia el enriquecimiento personal

No solo tenemos el caso de los directivos de la APA que mencionábamos anteriormente. Los responsables sudvietnamitas del proyecto Phoenix eran a menudo burócratas incompetentes que se lucraron con las pertenencias de sus víctimas, dándose casos en los que incluso aceptaron sobornos para liberar a detenidos que sí eran realmente miembros del Viet Cong. Algunos militares argentinos obligaban a los secuestrados bajo su custodia a firmar contratos de compraventa de sus propiedades a su favor. La tortura es el negocio del torturador.

Por todo ello, más allá del ataque frontal contra los principios y valores sobre los que hemos construido todo aquello que hoy queremos defender, la tortura es un método burdo y de malos resultados para obtener información. Las fuentes de error son sistemáticas e imposibles de erradicar. Las memorias verídicas se borran, se distorsionan y se alteran por culpa de la propia tortura. Se ha llegado a decir que disparando al azar en una multitud hay más posibilidades de acertar a un enemigo que siguiendo las pistas obtenidas con la tortura de un detenido.

Así, más allá de los estudios científicos pero reforzados por éstos, la perspectiva que nos proporcionan los últimos veinte años de lucha contra el terrorismo islámico nos dice claramente que en ningún caso debemos dejar en segundo plano los valores éticos y morales que nos constituyen como sociedad y como individuos, que lejos de sacrificarlos en pro de un bien mayor debemos reforzar nuestro compromiso con los derechos humanos y que la tortura nunca, jamás, es el camino. La tortura está prohibida porque es inmoral, cruel e inhumana, pero además es inútil, mina la autoridad moral de quien la practica, hace avanzar la causa de los terroristas y daña profundamente el estado de derecho.

📖 PARA LEER MÁS:

- Childress S, Boghani P, Breslow JM (2014) The CIA Torture Report: What You Need To Know». *Frontline* 9 de diciembre. http://www.pbs.org/wgbh/frontline/article/the-cia-torture-report-what-you-need-to-know/
- Cooper R (2014) Why torture doesn't work: A definitive guide». The Week 18 de diciembre. http://theweek.com/articles/441396/why-torture-doesnt-work-definitive-guide
- Harris LT (2015) Neuroscience: Tortured reasoning. *Nature* 527: 35–36.
- O'Mara S (2015) *Why Torture Doesn't Work: The Neuroscience of Interrogation*. Harvard University Press, Cambridge, Massachusetts.

El cerebro y los lenguajes silbados

Los lenguajes silbados sobreviven en nuestros días en España (La Gomera, Islas Canarias), Papúa Nueva Guinea, México, Vietnam, Guayana, Nepal, China, Senegal y Turquía. El silbo gomero era usado especialmente por los pastores que estaban en las zonas altas de la isla. Les permitía comunicarse a través de los barrancos y los estrechos valles gomeros, alcanzando distancias de más de cinco kilómetros. Lo usaban los guanches antes de la llegada de los castellanos a las Islas Canarias en 1402 y se «hablaba» también en El Hierro, Tenerife y Gran Canaria. Después, se adaptó su uso para el español y un silbador experimentado puede expresar más de 4000 conceptos o palabras.

Los silbadores cogen toda la información sintáctica y léxica del idioma vocal y la transforman en silbidos que varían en su tono y su línea melódica, que puede mantenerse continua o ser interrumpida. Su sencilla estructura —tal como lo conocemos ahora emplea seis sonidos, dos de ellos denominados como vocales y los otros cuatro como consonantes— puede generar ambigüedades. Sin embargo, la repetición, el contexto de la comunicación y el propio mensaje —sentencias cortas y simples, utilizadas con cierta frecuencia, casi mensajes tipo— permiten una comunicación funcional. Los expertos explican, no obstante, que usando el silbo se puede hablar de cualquier cosa, incluida física cuántica, aunque no creo que sea el tema más popular entre los silbadores gomeros.

Monumento al silbo gomero, junto a la iglesia de San Francisco [Mirador de Igualero, La Gomera, Islas Canarias, España. Katrin, 2014]

Hay dos grandes vías cerebrales implicadas en el procesamiento del habla y que conectan las zonas anteriores y posteriores de la corteza: una dorsal, muy lateralizada, con un fuerte predominio del hemisferio izquierdo donde se establecen señales acústicas a los circuitos que articulan las palabras, y una vía ventral, menos lateralizada, implicada en la comprensión del lenguaje. El hemisferio cerebral izquierdo es el dominante en el 95 % de los diestros y el 60 % de los zurdos. La predominancia del hemisferio izquierdo se ha demostrado en lenguajes tonales y atonales, en lenguas de clicks y en lenguas de signos o escritas. El hemisferio izquierdo tiene los centros cerebrales que controlan el lenguaje y la lógica: en particular, el área de Broca y el área de Wernicke. El área de Broca se encarga de la producción del habla, enviando órdenes a la lengua, los labios, la garganta y las cuerdas vocales. El área de Wernicke se encarga del reconocimiento de las palabras escritas y habladas. El giro angular, presente en ambos hemisferios, está relacionado con la interpretación del lenguaje humano y asigna un código común para la información visual y auditiva recibida. Por su parte, el hemisferio derecho se ocupa más de algunos aspectos «musicales» del habla, como las inflexiones del tono, los hitos del espectro sonoro y las líneas melódicas; y también interviene en lo que llamamos el «lenguaje corporal», como los gestos y la expresión facial que acompañan a menudo al lenguaje oral.

Dos estudios han analizado la neurociencia de los lenguajes silbados. En 2005, el silbo gomero fue estudiado utilizando resonancia magnética funcional (FMRI) por un equipo liderado por Manuel Carreiras de la Universidad de La Laguna y David Corina de la Universidad de Washington. Esta técnica analiza el consumo local de oxígeno y permite identificar las regiones cerebrales que se activan cuando el sujeto hace una tarea determinada. En 2015, un grupo de investigación turco-alemán estudió un lenguaje silbado de las montañas del nordeste de Turquía llamado *kuş dili* o «lenguaje de los pájaros». En este caso, usaron un modelo de atención dicótica para estudiar la asimetría del lenguaje. Mediante unos auriculares, los participantes escuchan las mismas sílabas (homonímico) o distintas (dicótico) en los oídos izquierdo y derecho y después deben informar qué es lo que han escuchado. Los test de escucha dicótica suelen concluir que lo que se escucha es lo que ha percibido el oído derecho, debido a la primacía del hemisferio izquierdo en el procesamiento de los sonidos del habla.

En los dos estudios, los participantes incluían personas que entendían y hablaban el silbo y el lenguaje vocal (español o turco) y otras que solo entendían el lenguaje vocal, que sirvieron de grupo control. En el primer estudio, los dos grupos escucharon palabras en silbo y en español, separadas por silencios; y grabaciones de silbo en orden habitual y otras puestas al revés, imposibles de entender pero con las mismas notas. El resultado fue que las mismas áreas cerebrales asociadas a los lenguajes hablados se activaban en los hablantes del silbo pero no en los controles. Las zonas específicas del hemisferio izquierdo implicadas en la comprensión del lenguaje, no se activaban ni en unos ni en otros cuando el silbo grabado se reproducía al revés. Las áreas activadas para el procesamiento del silbo y el castellano diferían entre silbadores y no silbadores, por lo que el silbo modificaba la actividad cortical en los silbadores, que lo entendían y era un lenguaje con contenido; pero no en el grupo control, donde era solo un grupo de notas musicales sin un mensaje comprensible. Por tanto, las regiones que procesan el lenguaje en el cerebro se adaptan a una gran variedad de señales, pues el silbo tiene un nivel de ambigüedad mucho mayor que el español vocal. Curiosamente, los hablantes del silbo mostraban cierta activación del hemisferio derecho tanto cuando usaban el español como con el silbo, algo que se ve normalmente en los bilingües y que el segundo estudio ha demostrado con claridad en los silbadores turcos de la lengua de los pájaros.

En el estudio de Güntürkün y su grupo los resultados principales fueron que la comprensión del lenguaje silbado requería la participación de los dos hemisferios cerebrales puesto que se observaba una disminución relativa de la contribución del hemisferio izquierdo y un aumento relativo de los mecanismos de codificación del hemisferio derecho. Los lenguajes silbados necesitan un procesamiento cerebral diferente, lo que genera un cambio radical en las asimetrías del lenguaje, que estarían en buena parte moduladas por las propiedades físicas del *input* léxico. Los dos estudios permiten concluir que la preponderancia del hemisferio izquierdo para los lenguajes no se mantiene cuando las personas codifican un lenguaje que está básicamente constituido por las propiedades acústicas en las que está especializado el hemisferio derecho. Los lenguajes silbados incrementan la actividad del hemisferio derecho y generan un patrón cerebral más equilibrado entre ambos hemisferios.

Los lenguajes silbados son especies en extinción. Suelen ser una adaptación al medio en culturas donde hay individuos o pequeños grupos que viven aislados unos de otros y se encuentran mayoritariamente en las montañas, como en el caso de los silbadores gomeros y turcos, o en las selvas densas. Cuando empezamos a conocerlos, nos damos cuenta de que están a punto de desaparecer. Se considera que existen unas 70 lenguas silbadas todavía en uso, pero solo doce han sido descritas y estudiadas científicamente, entre las que afortunadamente se encuentra el silbo gomero. Es de las que están en mejor situación, pues, aunque había sufrido el éxodo de la población rural en la segunda mitad del siglo XX, el estado autonómico establecido en la Constitución española de 1978 supuso un respaldo para las manifestaciones culturales autóctonas y el silbo se empezó a enseñar en las escuelas de La Gomera y en 2009 fue inscrito por la Unesco en la Lista del Patrimonio Cultural Inmaterial de la Humanidad. Mi cariño y admiración a las personas humildes que supieron mantener viva una tradición tan hermosa durante siglos. En la actualidad, el principal enemigo de los lenguajes silbados lo tenemos muy cerca: el teléfono móvil. No hay mayor interés en comunicarte a base de silbidos si puedes hacerlo sin esfuerzo usando uno de estos aparatos omnipresentes en nuestras vidas.

Y para terminar, no puedes haber leído esto sin escuchar el silbo gomero. Lo puedes hacer en esta dirección de Youtube

http://www.youtube.com/watch?v=MCID1pe6zhg

📖 PARA LEER MÁS:

- Carreiras M, Lopez J, Rivero F, Corina D (2005) Linguistic perception: neural processing of a whistled language. *Nature* 433(7021): 31-32.
- Owen J (2005) Herders' Whistled Language Shows Brain's Flexibility. *National Geographic* 5 de enero.
- Güntürkün O, Güntürkün M, Constanze Hahn C (2015) Whistled Turkish alters language asymmetries. *Current Biology* 25(16): 706-708. http://www.cell.com/current-biology/pdf/ S0960-9822(15)00794-0.pdf
- http://news.nationalgeographic.com/ news/2005/01/0105_050105_whistle_language.html

El caso del perro castaño

El catedrático de fisiología del University College London William Bayliss (1860-1924) acuñó la palabra «hormona», descubrió una de ellas, la secretina, y fue el primero que describió el movimiento peristáltico de los intestinos. Bayliss quería comprobar si el sistema nervioso controlaba la secreción del páncreas, como postulaba Iván Pavlov en el estómago con sus perros y sus campanitas. La oportunidad surgió en febrero de 1903, en una práctica delante de sesenta estudiantes de medicina, en la que usó un pequeño terrier castaño al que había hecho una operación en el páncreas. En aquella segunda práctica expuso sus glándulas salivares para que los futuros médicos pudieran ver su inervación nerviosa y su irrigación sanguínea y, finalmente, usó el perro para explicar las respuestas del sistema nervioso periférico ante distintos estímulos, revisando los postulados de Pavlov. Al final, el can fue entregado a un estudiante de doctorado, Henry Dale, que luego ganaría el premio Nobel, y era el encargado de sacrificar a los animales al terminar la práctica.

Desafortunadamente para Bayliss, en la clase se habían colado dos estudiantes suecas, Louise Lind af Hageby y Leisa Schartau, de la London School of Medicine for Women, feministas y contrarias a la experimentación con animales, que dijeron que aquello era un ejemplo de crueldad, que el animal estaba sin anestesiar y que los estudiantes se habían pasado la clase haciendo bromas y riendo, una experiencia que resumieron años después en un libro titulado *Los mataderos de la ciencia: extracto del diario de dos estudiantes de fisiología.*

El catedrático de fisiología del University College London
William Bayliss (1860-1924) [Wellcome Collection].

Lind af Hageby, sentada en el centro de la imagen, junto
a otras activistas, las promotoras del International Anti-
Vivisection Congress, 1913 [Library of Congress].

Los datos recogidos por las activistas suecas, si eran ciertos, indicaban que se había violado la ley sobre experimentación animal de 1876 que prohibía usar el mismo animal en más de un experimento y Stephen Coleridge, bisnieto del poeta Samuel Taylor Coleridge, y secretario de la Sociedad Nacional contra la Vivisección —una vivisección es una disección cuando el animal todavía está vivo— al leer el diario de las dos muchachas, acusó a los médicos de crueldad *«si esto no es tortura, que nos digan en nombre del cielo qué es tortura»* en una conferencia celebrada el 1 de mayo, a la que asistieron entre dos mil y tres mil personas y cuyos mensajes clave fueron recogidos por la prensa local.

Bayliss, el catedrático que dirigía la práctica, pidió a Coleridge una disculpa y, al no recibirla, le denunció por difamación. Tras un agrio juicio celebrado cuatro meses después, donde explicó que hacer varias operaciones en el mismo animal permitía usar menos perros, ganó el caso. Coleridge le tuvo que pagar dos mil libras más otras tres mil en costas, una pequeña fortuna que abonó al día siguiente con un cheque. Bayliss donó el dinero al University College de Londres para usarlo en investigación, aunque no lo denominó —como le sugirió el *Daily Mail*— «Fondo para la Vivisección Stephen Coleridge». Por su parte el *Daily News*, que apoyaba a la otra parte, pidió donaciones y recaudó cinco mil setecientas libras para apoyar a Coleridge y cubrir sus gastos, más de lo necesario. Ir a juicio, aun con el riesgo de perderlo, parece que fue el objetivo de Coleridge desde el principio, con objeto de conseguir la mayor repercusión pública para las ideas de los que, como él, se oponían a la experimentación con animales.

Anna Louisa Woodward, una rica londinense, fundadora de la Liga Mundial contra la Vivisección, pensó que era importante mantener el interés de la opinión pública por el tema, y encargó una fuente con una estatua del perro marrón en un pedestal. El monumento fue aprobado por el consistorio radical-socialista de Battersea, un barrio obrero, y se erigió en una zona de viviendas sociales donde fue inaugurado en septiembre de 1906. Llevaba una placa con la siguiente inscripción:

Estatua creada por Joseph Whitehead, erigida en 1906 en Battersea,
Londres, en memoria del perro castaño [Encyclopaedia Britannica].

En memoria del terrier castaño llevado a la muerte en los laboratorios del University College en febrero de 1903 después de haber soportado vivisecciones durante más de dos meses y haber sido pasado de un vivisector a otro hasta que la muerte vino a liberarlo. También en memoria de los doscientos treinta y dos animales viviseccionados en el mismo lugar durante el año 1902.

Hombres y mujeres de Inglaterra: ¿hasta cuando seguirán pasando estas cosas?

Los estudiantes y profesores de medicina se quejaron de la naturaleza acusatoria de la inscripción y del ataque a su formación práctica dejando claro su malestar. Las revistas médicas también tronaron en contra del monumento, mientras que sus partidarios lo veían como un símbolo del progreso político hacia una mayor justicia social y una protesta contra el *establishment* ejemplificado por ese grupo peculiar, la clase médica.

Un año después, en noviembre de 1907, un grupo de estudiantes intentó atacar la estatua, pero fueron dispersados por los gendarmes londinenses. Diez de aquellos estudiantes, que fueron bautizados por la prensa como los *antidoggers*, los antiperrunos, fueron detenidos por dos policías, dando pie a que un médico local escribiera al periódico *South Western Star* lamentándose de lo que consideraba un signo de la degeneración de los futuros médicos: «*Recuerdo cuando hacían falta más de diez policías para hacerse con un estudiante. La raza anglosajona está acabada*».

Parte del ambiente social tenía que ver con una novela de ciencia ficción. Pocos años antes, en 1896, H. G. Wells había publicado *La isla del Dr. Moreau*. En la obra, un hombre rescatado de un naufragio es trasladado a una isla remota en el océano Pacífico, propiedad de un médico, el doctor Moreau. Moreau —por cierto, fisiólogo londinense— crea seres híbridos con un aspecto humanoide a partir de animales mediante un procedimiento que podríamos llamar de corta y pega quirúrgico, algo con ciertas similitudes con la vivisección. La novela generó un profundo revuelo social sobre temas como el dolor, la crueldad, la responsabilidad moral y la interfe-

Ejemplar de la primera edición de la obra *The Island of Doctor Moreau*, del genial
HG Wells, editada en 1896 por Heinemann (UK) y Stone & Kimball (EEUU).

rencia del hombre en la naturaleza, y fue parte de un debate social sobre la experimentación animal, nuestra relación con los demás seres vivos y la teoría de la evolución.

En Londres, mientras tanto, los disturbios continuaron y se empezaron a conocer como los «*Brown Dog Riots*», los tumultos del perro castaño. Un juez puso multas de cinco libras a varios jóvenes que habían participado en ellos y eso hizo que más de mil estudiantes de medicina salieran de la universidad y de los hospitales e hicieran una manifestación llevando estacas con perros en miniatura encima y una efigie a tamaño natural del juez que intentaron quemar, pero finalmente —no debía prender bien— la arrojaron al Támesis. Los manifestantes asaltaron oficinas y reuniones de sufragistas porque se generalizó entre ellos la idea de que las mismas que defendían el voto femenino eran las que estaban en contra de usar animales en la formación médica, y que eran ellas las que habían elegido al perro pardo como su emblema, erigiéndole ese monumento. Uno de los enfrentamientos se saldó con las mesas de un local rotas y un titular del *Daily Express* que decía «*Estudiantes de medicina luchan galantemente con mujeres*».

El punto culminante fue el 10 de diciembre, cuando cien estudiantes quisieron derribar la estatua del perro castaño. Lo habían organizado el mismo día del partido de rugby entre Oxford y Cambridge, confiando en que los numerosos asistentes al partido se les unirían en la batalla con la policía, pero no fue así. A continuación los *antidoggers* intentaron asaltar el hospital de los antiviviseccionistas, un centro médico donde no se hacía experimentación con animales, aunque es de suponer que aplicasen los resultados conseguidos en otros centros que sí lo hacían. Cuando uno de los estudiantes se cayó del tranvía al que se había subido, los operarios de la línea se negaron a llevarle al hospital indicando que era «*la venganza del perro castaño*», pero puesto que el más cercano era precisamente el de los defensores de los animales, el *British Medical Journal* comentó después que la decisión podía haber «*nacido de la benevolencia*» por no llevar al muchacho herido al centro de sus enemigos. La cosa se fue radicalizando más y más. Esta revista, el *British Medical Journal*, seguía recibiendo cartas de médicos indignados, una de las cuáles decía: «*Cuando un estudiante amante de la paz pacíficamente desfigura* [la estatua] *con un martillo está cumpliendo su deber moral con su universidad, sus profesores y sus camaradas y su estricto deber legal con su país y su rey*». La apología de la violencia no debía ser considerada delito en la época.

Los estudiantes fueron dispersados por la policía con cargas a caballo y uno de ellos fue detenido por «*ladrar como un perro*». Los disturbios siguieron durante meses, a los estudiantes de medicina se unieron los de veterinaria y unos y otros reventaban las reuniones de las sufragistas tirando las sillas y lanzando bombas fétidas. Era una mezcla de causas: a las antivivisecconistas —tres de las cuatro vicepresidencias de la sociedad contra la vivisección estaban ocupadas por mujeres— se unieron los sindicalistas, los marxistas, los liberales y las sufragistas. Aun así, no todas las sufragistas eran antivivisecconistas ni viceversa, pero había también cierta batalla de sexos: los estudiantes de medicina y veterinaria eran casi todos hombres, mientras que un número importante de los antivivisecconistas eran mujeres. Para muchas mujeres aquella lucha era parte de la rabia que sentían contra el estamento médico, porque las sufragistas en huelga de hambre eran alimentadas a la fuerza en prisión por médicos, o por las mujeres a las que se les extirpaban los ovarios y el útero como cura para su histeria. Las dos partes se veían como los herederos del futuro, los promotores de la modernidad. Las sufragistas y antivivisecconistas consideraban que la experimentación con animales y la prohibición del voto femenino eran dos caras de una misma realidad patriarcal, dominadora y cruel. Los estudiantes, por su parte, decían que ellos y sus profesores era un «nuevo sacerdocio» y las antivivisecconistas y sus aliados los representantes de la superstición y el sentimentalismo.

Mientras tanto, la policía puso protección permanente a la estatua, lo que llevó a una nueva vuelta de tuerca, pues hubo preguntas en la Cámara de los Comunes sobre cuánto costaban los seis policías diarios que eran necesarios para mantener la guardia de veinticuatro horas. Finalmente, tras las elecciones locales de noviembre de 1909, el nuevo consistorio de Battersea decidió que no querían seguir siendo el campo de batalla entre unos y otros, y sin decirlo —quizá pensaron que *«muerto el perro se acabó la rabia»*— quitaron la fuente a escondidas, para lo que enviaron cuatro obreros protegidos por ciento veinte policías y la llevaron a un lugar secreto en las primeras horas del 10 de marzo. La retirada de la estatua generó una protesta de tres mil antivivisección en Trafalgar Square que demandaban que fuera devuelta inmediatamente a su emplazamiento original, pero no se hizo y fue fundida a escondidas años después.

En 1985 una nueva estatua en memoria del perro pardo fue erigida en el parque de Battersea, aunque hubo también polémica sobre la pose elegida por el escultor y sobre su localización. En la vieja estatua el perro estaba recto y desafiante, en la nueva, enroscado y con la cabeza gacha, parecía suplicar piedad. Además, los enemigos de la experimentación con animales se quejaban de que la estatua estuviese casi oculta. En 1992 fue retirada y en 1994 se volvió a instalar, pero en el pabellón de críquet del Viejo Jardín inglés, un lugar mucho más discreto que el que ocupó anteriormente.

Curiosamente, el perro también se convirtió en un símbolo de ambos grupos: la Sociedad para la Protección de los Animales expuestos a la vivisección tenía un perro en su logo y la Physiological Society, la asociación científica de los fisiólogos, los principales protagonistas de la experimentación con animales, también tenía una pequeña estatua de un perro que situaban en un lugar preferente en sus congresos y sus reuniones hasta que fue robada del maletero de un coche en 1994. Esa estatua fue usada para fabricar réplicas que se entregaban a los fisiólogos más respetados en el momento de su jubilación. La estatua original había sido presentada a la Sociedad en octubre de 1942 por Henry Dale, el hombre que sacrificó al perro castaño y, de hecho, muchos fisiólogos británicos todavía creen erróneamente que el emblema de su sociedad es ese animal concreto.

La controversia no ha desaparecido y sigue habiendo personas en contra de la experimentación con animales, mientras que médicos, científicos y asociaciones de pacientes, de forma prácticamente unánime, lo consideran un mal menor y necesario para seguir avanzando en nuestra lucha contra la enfermedad y para valorar la seguridad de nuestros productos químicos, incluyendo fármacos, pesticidas y detergentes. Los científicos utilizamos una estrategia denominada de las tres R: reducción (usar el mínimo número de animales posible, que suelen ser ratas y ratones), refinamiento (hacer todos los procedimientos con un cuidado extremo) y reemplazo (en lo posible sustituir los animales por células, modelos informáticos o cualquier otro procedimiento que no requiera animales vivos), pero el debate sigue vivo un siglo después. Hace unos años lo único que quedaba de la vieja estatua del perro castaño era una marca en el pavimento y un cartel en una valla cercana que ponía «*No Dogs*», «*No se admiten perros*».

📖 PARA LEER MÁS:

- Baron JH (1956) The Brown Dog of University College. *Brit Med J* 2 (4991): 547–548.
- Galloway J (1998) Dogged by controversy. *Nature* 394: 635-636.
- Mason P (1998) *The Brown Dog Affair*. Two Sevens Publishing, Londres.

La verdadera historia de la penicilina

Todos creemos conocer la historia. Alexander Fleming tenía un cultivo de microorganismos cuando un descuido, una ventana mal cerrada, hizo que una de las placas de cultivo se contaminara. El asombrado médico vio que alrededor de aquellas pequeñas colonias del hongo verde del pan, el *Penicillium*, no crecían las bacterias y de esa casualidad tan sencilla ¡zas! surgió uno de los medicamentos más útiles del siglo XX: la penicilina. ¡Mentira! Además, Randolph Churchill había pagado la educación a un muchacho que luego salvó la vida de su hijo Winston, el primer ministro británico, y aquel joven médico era Fleming. ¡También mentira! La ciencia no es así, nunca es así, por lo que vamos a ver si contamos algo más y la historia es un poco más real y mucho más interesante.

Alexander era hijo de un granjero, Hugh Fleming, que se casó en segundas nupcias a los cincuenta y nueve años y ya sesentón tuvo cuatro hijos más, el tercero de los cuales era nuestro protagonista. El vetusto padre murió cuando Alexander tenía siete años y el muchacho, tras terminar la secundaria, estuvo cuatro años trabajando en una compañía naviera. El que realmente pagó su educación fue su tío John, que murió, y el muchacho de veinte años decidió dedicar el dinero de la herencia a estudiar medicina. En la facultad, Alexander formaba parte del club de tiro con rifle y el capitán del equipo, que quería seguir contando con él al termi-

Fotografía autografiada de Alexander Fleming en su gabinete de trabajo.

nar los estudios porque era buen tirador, le ayudó a conseguir un puesto en el hospital de St. Mary para que pudiera seguir viviendo en Londres y compitiendo con el equipo. Tras trabajar unos años allí, consiguió una plaza de profesor y de ese puesto marchó a los hospitales de campaña en el frente de Francia durante la I Guerra Mundial. Durante la guerra vio con horror la cantidad de jóvenes que morían de gangrena gaseosa y descubrió que los antisépticos mataban más gente que las infecciones que supuestamente trataban. Intentó modificar los tratamientos, pero las autoridades militares no quisieron saber nada de novedades y siguieron con los protocolos habituales.

Tras terminar la guerra, Fleming volvió al St. Mary e hizo su primer gran descubrimiento: la lisozima. Trabajaba con placas Petri, pequeños platos tapados por otro plato donde se extiende una capa de un medio de cultivo y allí crecen las bacterias relativamente protegidas. Una de esas leyendas, quizá verídica en este caso, dice que Fleming estornudó encima de una de esas placas abiertas y vio que muchas bacterias morían. La lisozima es una enzima presente en muchas secreciones, incluyendo la saliva, las lágrimas, la leche y el moco, que destruye las paredes de muchos microorganismos. Sería el primero de sus errores afortunados.

La leyenda dice que el 3 de septiembre de 1928 Fleming volvió a trabajar después de las vacaciones de verano, pero en realidad seguía de vacaciones —antes las universidades tenían vacaciones «de verdad»— y volvió a Londres para asistir a un colega cirujano que se había infectado con un bacilo hemolítico en una autopsia. Fleming tenía buena fama como investigador, acababa de ser nombrado catedrático de Bacteriología y era un buen observador, pero el laboratorio estaba a menudo desordenado y sucio y sus cuadernos de laboratorio tenían grandes huecos y observaciones descuidadas. Antes de irse de vacaciones había colocado sus cultivos de estafilococos en una esquina del laboratorio, pero algunos se habían estropeado y los desechó.

Al parecer Fleming había tirado ya las placas estropeadas, pero un colega, Merlin Pryce, se acercó a charlar un rato, y, mientras charlaban, Fleming iba mirando las placas descartadas. Los dos vieron algo llamativo: alrededor del hongo las bacterias habían desaparecido. De nuevo la leyenda comenta que Fleming dijo: «*es gracioso*» y se lo enseñó a su ayudante, quien le recordó que aquello se parecía a cuando había descubierto la lisozima. Sin embargo, parece que el hongo solo detendría el antibiótico si se hubiera sembrado antes o al mismo tiempo que la bacteria y que requiere unos días de temperatura fría, algo que sucedió solo unos pocos días en ese verano londinense de 1928. Fleming fue mucho más afortunado de lo que nunca pensó. Aquella placa —o una parecida— terminó sus días en el British Museum, donde actualmente puede ser contemplada por turistas y nativos.

No mucho tiempo después Fleming determinó que el hongo producía una sustancia a la que llamó primero «jugo del moho», luego «el inhibidor» y finalmente «penicilina», que detenía el crecimiento de muchas bacterias, incluido el estafilococo. Otro golpe de suerte fue que después de probar cientos de cepas de *Penicillium* se vio que la original de Fleming era una de las tres mejores, una cepa excepcional. Lo de las ventanas tampoco es cierto, porque estaban muy altas y no se podían abrir. Una fuente más fiable puede ser un laboratorio micológico que había en el piso de abajo y que una espora hubiese entrado por la puerta del laboratorio de Fleming, que estaba siempre abierta. ¿Por qué mintió Fleming diciendo que el hongo habría entrado por la ventana? Quizá porque el comité Nobel había empezado sus deliberaciones en Estocolmo y no era buena idea dar la imagen de que el posible premiado o su instituto no eran capaces de mantener las esporas bajo control.

Fleming no tenía idea de química, pero empezó a trabajar con dos ayudantes con más experiencia que él. Aun así fueron incapaces de estabilizar la penicilina, con lo que ni podían probarla en animales, ni extraerla para tenerla en cantidades suficientes, ni purificarla para que fuera segura de usar en pacientes. Además, los médicos no le dejaban acercarse a ellos. El artículo original de Fleming contiene errores, omite información importante y tuvieron que pasar doce años hasta que la penicilina se pudo usar como medicamento. Diez años después del descubrimiento inicial un grupo de la Universidad de Oxford empezó a trabajar en la penicilina y consiguió resolver uno a uno estos problemas. Se trataba de Howard Florey, un agresivo patólogo australiano con seis ayudantes entre los que estaba Ernst Chain, un bioquímico judeoalemán que había huido tras las llegada de los nazis al poder, llegando a Inglaterra con diez libras en el bolsillo, todo un capital.

El grupo de Oxford empezó con una financiación de veinticinco libras (no veinticinco mil, veinticinco), pero afortunadamente la Fundación Rockefeller les dio cinco mil dólares para un año. Florey esperaba haber recibido financiación para tres años, la duración normal de un proyecto de investigación, pero la fundación veía que Gran Bretaña se hundía en la guerra, Hitler dominaba Europa occidental y no estaba claro si los laboratorios biomédicos tendrían mucho futuro en esas circunstancias. Además, aquello parecía investigación básica, la competencia entre un hongo y una bacteria, algo sin mayor interés. El propio Chain lo reconoció años más tarde: «*La posibilidad de que la penicilina tuviera un uso práctico en la medicina clínica no entraba en nuestras cabezas cuando empezamos el trabajo*». Algo que deberían pensar los que oponen la investigación básica a la investigación aplicada.

Cuando se le preguntó a Fleming por qué no había sido él quien demostrase las propiedades terapéuticas del antibiótico, echó la culpa a los médicos clínicos que no le daban acceso a los pacientes, a los químicos que no habían mostrado interés por aquel producto fúngico e incluso a sus propios ayudantes por no haber profundizado en su descubrimiento. Sus pruebas sugerían que la penicilina era rápidamente inactivada por la sangre, por lo que no parecía ser muy interesante para cualquier infección que necesitase su transporte por vía intravenosa, como la meningitis, la neumonía o la peritonitis, y quizá tan solo valía para problemas de la piel donde se pudiera aplicar tópicamente. Después de su descubrimiento, Fleming apenas volvió a trabajar con la penicilina.

Lord Howard Florey en los años treinta [The University of Adelaide, Australia].

Mientras tanto, la Segunda Guerra Mundial había comenzado y el país sufría los primeros desastres, como la evacuación de Dunquerque y la batalla de Inglaterra. El potencial de la penicilina para tratar a los heridos se fue haciendo cada vez más claro. El punto de inflexión tiene fecha: el 25 de mayo de 1940. Ese día las pruebas en ratones —hubo que sacrificar miles de ratones para que la penicilina fuese segura y eficaz— demostraron que una nueva era había comenzado: infectaron a cincuenta ratones con estreptococos y a la mitad les dieron penicilina. A los pocos días, los veinticinco a los que se dio el antibiótico estaban sanos mientras que los veinticinco sin él estaban muertos. Florey declaró: «*Hemos topado con uno de esos medicamentos muy raros que no solo matan las bacterias en un tubo de ensayo sino también en un animal vivo sin causarle daño. Nos dimos cuenta de que la penicilina podría jugar un papel vital en la guerra*».

Dándose cuenta de la importancia del descubrimiento y preocupados por el curso del conflicto que Gran Bretaña parecía ir perdiendo, Florey, Chain y dos colegas frotaron esporas de *Penicillium* en el forro de sus trajes y sus abrigos para que si Inglaterra era invadida los cuatro científicos intentaran escapar con el hongo, y así poder continuar su investigación lejos de las garras de los nazis. El nuevo fármaco tenía importancia estratégica porque los alemanes eran los inventores y líderes en la fabricación de sulfamidas, el primer medicamento contra los microorganismos realmente eficaz, y los aliados no tenían nada parecido.

El equipo de investigación británico trabajó en la producción de penicilina con una enorme escasez de medios. Para cultivar los hongos probaron cajas metálicas de galletas, latas de gasolina, botellas, y finalmente el envase que demostró ser más eficaz: las cuñas de metal esmaltado que usaban los hospitales para que los pacientes hicieran sus necesidades. El instrumental del laboratorio se montó con bañeras, estanterías, bidones, papeleras, compresores de frigoríficos y centrífugas caseras haciendo que Chain, siempre un poco particular, comentara «*un poco menos de improvisación y un poco más de profesionalidad habría beneficiado nuestro trabajo*». No fue fácil. La penicilina se extraía en amilacetato y después se volvía a extraer en agua usando un sistema en contracorriente. Las impurezas se quitaban con una técnica nueva, la cromatografía en columna, y se concentraba usando un destilador en vacío y otra técnica novedosa, la crioliofilización, que después se usaría para hacer café descafeinado. Seis «chicas de la penicilina» fueron contratadas para mantener la producción en un sótano húmedo, frío y con olor a moho por un sueldo más bajo del que habrían ganado de camareras o trabajando en una fábrica. Ese antro fue el único centro de producción de penicilina hasta el año 1943. Florey había contactado con los laboratorios británicos Wellcome —la principal empresa farmacéutica del país— en 1940, pero la guerra hacía que estuvieran produciendo vacunas, antitoxinas y plasma sanguíneo, los productos que parecían más urgentes en el campo de batalla, así que le contestaron que no tenían el menor interés en dedicarse a cultivar un hongo que parecía ser «*tan temperamental como una cantante de ópera*».

Florey y los demás siguieron fabricando penicilina mientras los aviones alemanes bombardeaban aquella zona del East London donde tenían el laboratorio. No recibieron ningún impacto directo, pero algunos de los que trabajaban allí vieron desde la azotea cómo ardía su casa mientras ellos seguían purificando el antibiótico. Henry Dale, uno de los grandes científicos ingleses, le dijo a Florey que patentar la penicilina sería poco ético y no se hizo. Florey y Heatley marcharon a Estados Unidos en los famosos barcos negros —convoyes que navegaban sin luces para intentar esquivar a los submarinos alemanes— a intentar convencer a sus colegas americanos de que produjeran penicilina, pero las empresas yanquis no quisieron ponerse a ello por miedo a que la síntesis química de la molécula sustituyera a la producción microbiológica del hongo e hiciera perder la inversión.

Finalmente, el bombardeo de Pearl Harbor y la entrada en la guerra de los Estados Unidos hizo que todo se acelerase y el Gobierno americano puso en marcha un programa de investigación sobre la penicilina e instaló un centro piloto en una fábrica de Peoria (Illinois) que se había dedicado a fabricar whisky antes de la ley seca y tenía experiencia, por tanto, en técnicas de fermentación. Los americanos desarrollaron una técnica que multiplicaba por veinte la producción, pero no funcionaba bien con la cepa de Fleming; había que buscar otra que creciera más rápido. Ordenaron la búsqueda de mohos de *Penicillium* por todo el mundo y el ejército se encargó de transportarlos a Peoria para probarlos. A la fábrica llegaron paquetes con el moho metido en botellas, cajas de cartón y sobres desde lugares como Ciudad del Cabo, Chongjin y Bombay, pero irónicamente, la mejor cepa fue una que encontraron en la propia Peoria, enviada por un ama de casa a la que le había salido en un melón un moho «*precioso y dorado*» y que quería contribuir al esfuerzo bélico.

En septiembre de 1940 un policía de Oxford, Albert Alexander, de cuarenta y ocho años, fue la primera persona tratada con penicilina. Alexander se había hecho un rasguño en la cara con un rosal trabajando en su jardín. La herida se infectó con estreptococos y estafilococos, y la infección se extendió a los ojos y al cuero cabelludo. Le llevaron al hospital de Radcliffe y le trataron con lo único que había, sulfamidas, pero la infección empeoró y tuvo abscesos purulentos en los ojos, los pulmones y el hombro. Florey y Chain oyeron del caso en una cena y pidieron a los médicos de Radcliffe que probaran su penicilina «purificada».

Tras cinco días de inyecciones Alexander empezó a mostrar mejoría, pero se acabó la penicilina —toda la que existía en el mundo— y murió. El 14 de marzo de 1942 se trató con penicilina al primer paciente en Estados Unidos. Era una mujer llamada Anne Miller; su embarazo se había malogrado y había desarrollado una septicemia hemolítica causada por estreptococos que la llevaba a la muerte, y en esa primera prueba se gastó la mitad de la producción conseguida hasta ese momento en Estados Unidos. Tres meses más tarde ya se había conseguido penicilina para tratar a diez pacientes. Un problema era que la penicilina se eliminaba rápidamente por vía renal, así que se decidió recolectar la orina de los pacientes, volver a purificar el antibiótico que había allí y reutilizarlo. A los pacientes, claro, esto no se lo contaban.

Florey reclutó a un equipo de seis mujeres para cultivar penicilina en la Escuela Dunn. Apodadas «las chicas de la penicilina», Ruth Callow, Claire Inayat, Betty Cooke, Peggy Gardner, Megan Lancaster y Patricia McKegney, se encargaron de las primeras producciones del nuevo fármaco [SP Library].

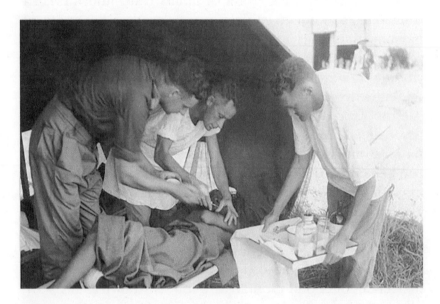

Inyectando penilicina a un paciente durante la Segunda Guerra Mundial. Este hospital de campaña se encontraba en la isla Labuan, en el norte de Borneo. La liberación de esta isla —ocupada por japoneses—, por las fuerzas estadounidenses y australianas comenzó el 10 de junio de 1945, dentro de la Batalla del Norte de Borneo, cuyo nombre en código era Operación Oboe Six. 17 de junio de 1945. [SP Library].

En Gran Bretaña, mientras tanto, el Gobierno apostó por el antibiótico y nombró un Comité General de la Penicilina al que adscribió varias fábricas de quesos, de gomas y de piensos dispersas por el país para que fabricaran allí la penicilina y corrieran menos riesgo de ser destruidas en un ataque aéreo alemán. Aun así había problemas y, por ejemplo, la lactosa esencial para hacer crecer el hongo había que disputársela a las fábricas de fórmulas lácteas para biberones. Todo escaseaba en un país cercado por los submarinos y los aviones alemanes.

Las primeras pruebas a gran escala de la penicilina se hicieron en el frente norteafricano, en las tropas que luchaban contra los tanques de Rommel, y los resultados fueron espectaculares: soldados heridos en las piernas y que habrían quedado mutilados para siempre un año antes volvían a andar. En la Primera Guerra Mundial el 18 % de las muertes de soldados fue por infecciones por neumonías, en la Segunda bajó al 1 %. Los médicos veían asombrados que incluso las heridas más grandes sanaban sin infectarse. La fama le llegó al hongo con el desembarco de Normandía, al escribir la periodista Lee Miller un artículo para la revista Vogue sobre los tres salvavidas —sulfamidas, penicilina y sangre— que multiplicaban el efecto salutífero de las manos hábiles de los cirujanos.

Para tranquilizar a las empresas farmacéuticas y convencerlas de que se metieran en el negocio de la penicilina, el gobierno americano les ofreció una desgravación por un lado y puso, por otro, un nuevo impuesto sobre los beneficios que les animó a invertir en investigación y desarrollo. Las grandes farmacéuticas como Merck, Squibb, Abbot y Winthrop decidieron que era mejor darse ese dinero a sí mismas que al tío Sam y se pusieron a colaborar, aportando cada una aquellos conocimientos en los que eran líderes. También había emprendedores que montaban pequeñas fábricas de penicilina en sótanos, usando viejas botellas de licor para cultivar los hongos y consiguiendo trucos y mejoras con su imaginación y voluntad de asumir riesgos. Pfizer, que era una empresa joven y quería meter la cabeza, y cuyo presidente

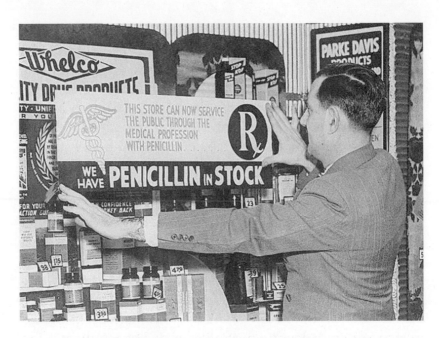

Un farmacéutico exhibe feliz un cartel que anuncia
las existencias de penilicina [SP Library].

Etiquetando a mano viales de penicilina [D.H. Archive].

había perdido una hija por culpa de una infección, desarrolló el método de fermentación en grandes incubadores que producía grandes cantidades de penicilina de gran pureza, y fue la que triunfó.

Es curioso que los alemanes no desarrollaran la penicilina. Fleming había mandado muestras del hongo a colegas germanos antes de la llegada de Hitler al poder y había mucho publicado sobre el nuevo fármaco que Alemania podía conseguir fácilmente en países neutrales como Suiza. La respuesta puede ser que las sulfamidas eran muy alemanas y se ganaba mucho dinero con ellas, así que las grandes químicas del Reich no querían matar la gallina de los huevos de oro por un pájaro aún volando. Aun así, la farmacéutica suiza CIBA le pidió a Florey un cultivo de *Penicillium* y los británicos pensaron que los alemanes iban detrás del antibiótico. Los japoneses se pusieron a trabajar en la penicilina en 1944 tras llevarse copias de artículos científicos sobre la penicilina a bordo de un submarino. Probaron setecientas cincuenta cepas, pero solo unas pocas producían algo de penicilina, por lo que temían que fuera una estrategia de propaganda de los Aliados para distraer recursos materiales y humanos. Finalmente el gobierno nipón puso dos fábricas —una de productos lácteos y otra de seda— a producir penicilina, pero cuando estaban ya preparados para producirla masivamente las bombas de Hiroshima y Nagasaki pusieron fin a la guerra.

Durante la guerra y la inmediata posguerra la penicilina era un bien escaso. Al igual que con otros productos médicos, como las vendas, el cloroformo y la morfina, se dio prioridad a los soldados, pues ellos ponían su vida en peligro por el bien común. El asedio a Stalingrado hizo que estos productos prácticamente se agotaran en Europa y los nazis hicieron propaganda de las hierbas medicinales para intentar distraer a la población de la carencia de remedios verdaderamente eficaces. Todavía alguno se lo sigue creyendo. La penicilina se convirtió en la zona aliada en un producto escaso, prohibido para los civiles salvo en casos de ensayos clínicos y sujeto, en algunos casos, al mercado negro. Con la paz llegaron productos como pasta de dientes con penicilina o lápiz de labios con penicilina para que los besos fueran «higiénicos», prometiendo la posibilidad de «*besar a quien quieras, cuando quieras y como quieras, evitando todas las consecuencias salvo el matrimonio*».

Las fuerzas de ocupación aliadas en Alemania y Japón se plantearon no «gastar» penicilina en atender las necesidades de la población civil de los países derrotados, a los que querían castigar. Un motivo sencillo les hizo cambiar de opinión: las mujeres que se entregaban a la llamada «prostitución del hambre», entregarse a cambio de algo de comida, estaban contagiando a los soldados de las potencias vencedoras un alto número de enfermedades venéreas. Así que se decidió que la penicilina, cuya producción ya era masiva y económica, se convirtiese en un auténtico medicamento benefactor de toda la humanidad.

¿Y la historia de que Fleming salvó a Winston Churchill con la penicilina? Es cierto que Churchill tuvo una infección peligrosa en 1943, pero no había apenas penicilina entonces y era un tratamiento experimental. La realidad es que, al parecer, le trataron con sulfamidas, pero no quisieron que se supiera que le había salvado la vida un «medicamento alemán».

📖 PARA LEER MÁS:

- Brown K (2008) *Fighting fit. Health, Medicine and war in the Twentieth Century.* The History Press, Stroud.
- Grossmann CM (2008) The First Use of Penicillin in the United States. *Ann Intern Med* 149: 135-136.
- Hare R (1982) New light on the history of penicillin. *Med History* 26: 1-24.
- Markel H (2013) *The real story behind penicillin.* PBS Newshour.

Esta guerra la vamos a ganar

Alí Maow Maalin tenía veintitrés años. Trabajaba de cocinero en un hospital de la ciudad de Merca, cerca de Mogadiscio, Somalia, y también colaboraba en algunas campañas de vacunación. El 12 de octubre de 1977 hizo un viaje sencillo y rápido que cambiaría su vida y marcaría un hito en la historia de la humanidad. Ese día, un conductor del gobierno le preguntó en el hospital por una dirección y Alí se subió al coche para guiarle hasta su destino, un corto viaje de menos de un cuarto de hora. En el asiento de atrás iban dos niños y su aspecto no era muy allá, tenían sarpullidos y granitos, pero Alí no le dio más importancia. Si hubiera pensado en el lugar hacia donde se dirigían, quizá hubiera tomado más precauciones. Una población de nómadas del desierto de Ogaden había tenido un brote de viruela y las autoridades somalíes habían ordenado concentrar a toda la población afectada en un campo de aislamiento para facilitar su tratamiento. Esa pareja de pasajeros, los dos niños, estaban afectados y uno de ellos, una niña de seis años llamada Habiba Nur Ali, murió dos días después. Alí tenía miedo a las inyecciones y, pese a trabajar en el hospital y ser la vacuna un requerimiento para todo el personal sanitario, no se había vacunado *porque parecía que aquellos pinchazos dolían*. Sus quince minutos de amabilidad fueron suficiente para infectarlo.

La viruela ha sido una azote de la humanidad, ha matado y desfigurado a millones de personas desde hace al menos unos doce mil años. Reyes, papas y artistas murieron de viruela y se cree que fue la principal responsable de que el Imperio inca

El autor de *Kosmos*, Alexander von Humboldt (1769-1859) científico
alemán y explorador de América Central y del Sur [Everett].

pasara de catorce millones de habitantes a uno y medio tras la llegada de los españoles y sus virus. Fue una transmisión accidental, fortuita y trágica, pero en América del Norte los oficiales ingleses repartieron de forma planificada mantas de pacientes con viruela a los emisarios de los nativos norteamericanos que iban a parlamentar con ellos. De esa forma acabaron con gran parte de la población, generaron un auténtico genocidio y zanjaron la rebelión de Pontiac.

De las cosas que los españoles deberíamos sentirnos orgullosos es de la Real Expedición Filantrópica de la Vacuna, también conocida como la Expedición Balmis, una empresa generosa que saliendo de A Coruña dio la vuelta al mundo desde 1803 a 1814 para llevar la vacuna a todos los rincones del por entonces imperio español. Fue la primera expedición sanitaria internacional de la historia. La solución para que la vacuna resistiese todo el viaje se le ocurrió a Francisco Javier Balmis: llevó veintidós niños huérfanos y cada cierto tiempo pasaba la vacuna de dos a otros dos para que se mantuviera activa y viva en esos cuerpos infantiles. Con este sistema, la vacuna contra la viruela llegó a las islas Canarias, a Venezuela, a Colombia, a Ecuador, a Perú, a México, a las islas Filipinas y a China. También repartieron instrumental médico y científico, así como la traducción del *Tratado práctico e histórico de la vacuna* de Louis-Jacques Moreau de la Sarthe, para ser usado como manual por las comisiones de vacunación que se fundaron en cada territorio. El gran científico y explorador alemán Alexander von Humboldt escribió en 1825 sobre la expedición Balmis: «*Este viaje permanecerá como el más memorable en los anales de la historia*». Conocía demasiado poco a los españoles, aquí pocas personas se acuerdan de ello.

Pero volvamos a Alí. Diez días después de su buena obra, cayó enfermo con fiebre y dolor de cabeza. Fue al hospital y le pusieron un tratamiento para la malaria, la enfermedad más habitual. Cuatro días después seguía igual y le salió una erupción, pero los médicos creían que estaba vacunado contra la viruela así que pensaron que sería varicela y le dieron el alta. Pocos días después, los síntomas ya sugerían viruela,

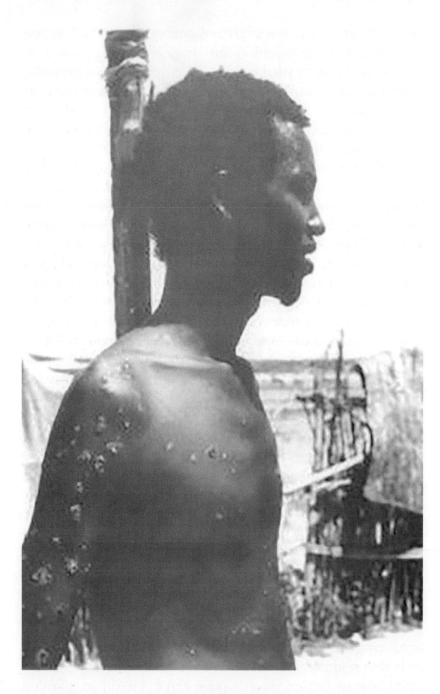

Ali Maow Maalin (1954-2013), la última persona conocida infectada
de manera natural con la viruela (1977) [J. Wickett, OMS].

pero Alí no quería que le aislaran y evitó acudir al hospital. Afortunadamente un enfermero que lo conocía denunció su estado, probablemente por la recompensa de doscientos chelines somalíes, unos treinta euros, que ofrecía la OMS a cualquiera que avisara de una persona con viruela. Con el tratamiento médico, Maalin se recuperó completamente y fue dado de alta a finales de noviembre.

Al mismo tiempo que su caso fue identificado y aislado, se puso en marcha una operación cuasimilitar para localizar a todas las personas con las que Maalin pudiese haber entrado en contacto durante su enfermedad. Era un hombre popular y se localizaron ciento sesenta y un contactos, de los cuales cuarenta y uno no estaban vacunados. Se les siguió la pista uno a uno, en algunos casos hasta más de ciento veinte kilómetros de distancia y se les vacunó a ellos y a sus familias. En total, en las dos semanas tras identificar la viruela de Alí, cincuenta y cuatro mil setecientas setenta y siete personas fueron vacunadas. El hospital quedó cerrado para nuevos ingresos y se establecieron cuatro puntos de control en las principales carreteras de la ciudad. Además, la policía patrullaba los caminos y senderos. Nadie pudo entrar o salir de Merca sin demostrar que estaba vacunado. Cada mes hubo una operación de chequeo casa por casa por toda la región y finalmente se hizo una búsqueda por todo el país, que se dio por terminada el 29 de diciembre. No aparecieron nuevos casos.

La viruela solo se transmite de persona a persona, algo afortunado porque impide que haya reservorios en la naturaleza donde el virus se pueda esconder. En los años 1960, entre medio millón y un millón y medio de personas morían cada año de viruela. La vacuna, la primera de la historia, era eficaz, y se decidió algo de una ambición sin paragón: perseguir al virus de la viruela, de los poblados esquimales a las tribus amazónicas, de las megaurbes asiáticas a las islas más remotas, y acabar con él. Al principio no funcionó, pero se mantuvo un esfuerzo constante, metódico, titánico. País a país se fue vacunando, en particular a los niños, hasta romper esas cadenas de transmisión del virus que se habían ido reproduciendo durante milenios. En cada país, el virus

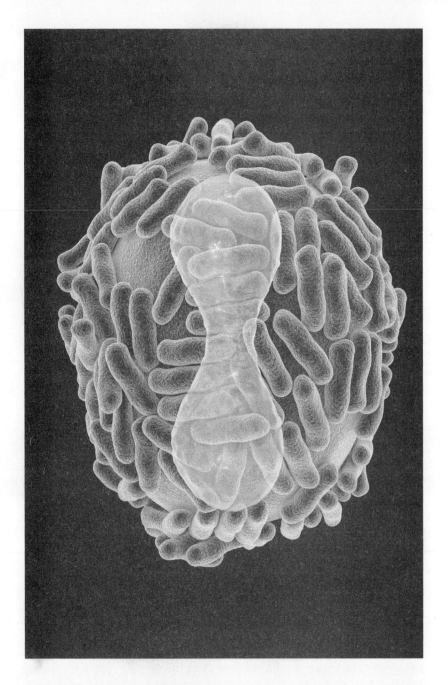

Ilustración esquemática del variola virus, causante de la viruela en humanos. Se conservan dos cepas del virus: una en el Centro para el Control y Prevención de Enfermedades de Atlanta (EE.UU.); y otra en el Centro Estatal de Virología y Biotecnología de Novosibirsk (Rusia)... suficiente como para comenzar una saga de ciencia ficción [Kateryna Kon].

fue acorralado hasta el último caso, el último paciente. En Botswana fue en 1974 y era una niña llamada Prisca Elias. 1976 fue un buen año, Kausar Parveen fue el último enfermo de Pakistán, Rahima Banu la última de Bangladesh y Amina Salat, la última de Etiopía. El último del mundo, como quizá habrá adivinado, fue un joven de Somalia, fue Alí.

Dos años después, el 9 de diciembre de 1979, los miembros de la comisión de la OMS que coordinaban la lucha contra la viruela firmaron un documento que decía que esta enfermedad había sido erradicada del mundo. Es uno de los grandes días de la historia de la humanidad, la primera vez que una enfermedad —y una terrible, por cierto— había sido barrida del mapa gracias a un esfuerzo coordinado de investigación, planificación y acción. Ya no necesitamos vacunarnos de viruela porque no existe ni un solo virus libre en el mundo.

Quizá pensando en su propia historia, Maalin decidió tomar parte en otra campaña similar: librar a su país de la polio. La polio ha demostrado ser un enemigo mucho más duro de batir, pero su propia experiencia era un ejemplo de por qué era necesario vacunar y consiguió convencer a los señores de la guerra de algunas facciones de que merecía la pena vacunar a sus soldados y a las personas que vivían en los territorios que controlaban. Él decía: «*Somalia fue el último país con viruela. Quiero ayudar a asegurar que no sea también el último lugar con polio*». Maalin trabajó para la OMS como coordinador local con responsabilidades en la movilización social y pasó varios años de un lado a otro de Somalia, vacunó niños y aleccionó a diferentes comunidades. El *Boston Globe* lo describió como uno los coordinadores locales más valiosos para la OMS. Animaba a la gente a vacunarse contando su experiencia con la viruela: «*Ahora cuando me encuentro a algunos padres que rechazan poner a sus hijos la vacuna contra la polio, les cuento mi historia. Les digo lo importantes que son las vacunas. Les digo que no hagan una idiotez como la mía*».

En 2008 Somalia fue declarada libre de polio, pero surgió un nuevo brote en 2013 con un registro de ciento noventa y cuatro casos. Era debido a una única persona infectada que había llegado del extranjero y también a que el índice de

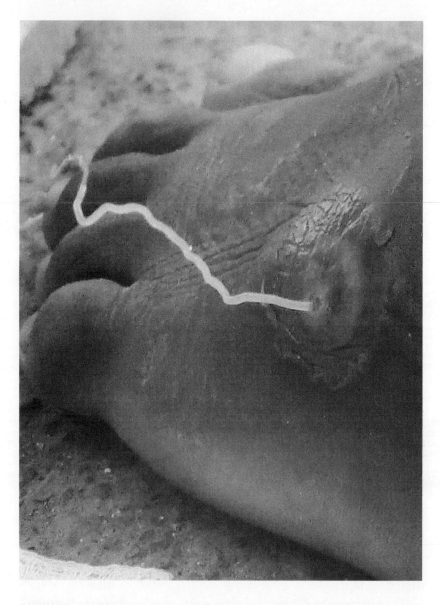

Dracunculus medinensis o gusano de Guinea, la serpiente ardiente, un parásito que usa al ser humano, y otros animales, como hospedadores para completar su ciclo vital. Acaba escapando normalmente por las extremidades, creando lesiones cutáneas que pueden complicarse con otras patologías bacterianas o fúngicas [Public Health Image Library].

vacunación había bajado. Alí luchó contra la polio literalmente hasta la muerte: en julio de ese año estaba en la campaña de revacunaciones cuando enfermó y murió, al parecer de malaria. Su trabajo y el de los demás miembros del operativo contra la polio dio sus frutos: el 2014 solo se localizaron cinco casos en Somalia, cero en 2015 y cero en 2016. En estos momentos ya no hay casos en África.

Ha sido un largo y duro camino. En 1988 hubo en el mundo trescientos cuarenta y cinco mil casos de polio, mientras que fueron trescientos cincuenta y nueve en 2014, setenta y cuatro en 2015 y veintiún casos en 2016, a fecha de 15 de agosto. La mala noticia es que en 2015 no hubo polio en África por primera vez en la historia, pero en 2016 hubo dos casos de poliovirus salvaje en Nigeria. Sin embargo, desde entonces, ya tres años, no ha habido más casos de polio en Nigeria y está a punto de declararse estado libre de esta enfermedad. Además, la región del lago Chad, en la que hay territorios de Nigeria, Níger, Chad y Camerún, tiene un riesgo extremo de que vuelva a aparecer. Las cosas nunca son por casualidad y el comité presidencial nigeriano para la polio no se ha reunido en 2016, y una serie de fondos del Gobierno para atajar la polio no se consignaron a tiempo. Aun así, hay muchos motivos para mantener la esperanza: En 1988, cuando se inició el esfuerzo de vacunación para la erradicación de la polio, había virus libres en ciento veinticinco países y cada día miles de niños quedaban paralíticos por esta enfermedad. Hoy solo hay dos países con polio salvaje en estos momentos: Afganistán y Pakistán, y en ambos, a pesar de la difícil situación política y militar, las cosas están mejorando.

Tras la viruela y la polio, iremos a por la lombriz de Guinea. Este gusano parásito entra por ingestión de agua contaminada con pulgas de agua —conocidas científicamente como copépodos— que llevan en su interior la larva de la lombriz o *Dracunculus*. El ácido del estómago digiere el copépodo pero no a la larva que se encuentra dentro. La lombriz se mueve por el cuerpo, la hembra se aparea con el macho que a continuación muere y después la hembra fecundada viaja hasta una pierna y genera una ampolla con una terrible sensación de escozor —los pacientes lo llaman la serpiente ardiente—. La persona sumerge la pierna en agua para aliviarse y entonces el gusano libera cientos de miles de larvas, que penetran en los copépodos y el ciclo vuelve a comenzar. La prevención es relativamente sencilla, por un lado disponer de agua limpia y por otro tratar el agua de beber con un larvicida. En 1986 hubo tres millones y medio de casos, ciento veintiséis en 2014 y veintiocho en 2018.

Pienso ver —y disfrutar— cómo acabamos también con esta enfermedad. Y seguiremos con el sarampión, con la malaria y quizá con el sida y con el ébola. Esta historia de éxito tiene desde hace años unos enemigos peculiares: las personas que por ignorancia, superstición o por promover sus propios negocios difunden errores sobre las vacunas o sobre otros tratamientos. ¿Se acuerda de que hace unos años murió un niño de seis años de difteria en Olot por no estar vacunado? Yo no lo he olvidado. Una campaña de vacunación planteaba una simple cuestión. La pregunta era «*¿Tengo que vacunar a mis hijos?*», la respuesta era: «*Solo a aquellos que quieres que vivan*».

📖 PARA LEER MÁS:

- Balaguer Perigüell E, Ballester Añon R (2003) En el nombre de los Niños. Real Expedición Filantrópica de la Vacuna 1803-1806». Asociación Española de Pediatría (Madrid) https://www.aeped.es/documentos/en-nombre-los-ninos-real-expedicion-filantropica-vacuna-1803-180
- Doucleff M (2013) Last Person To Get Smallpox Dedicated His Life To Ending Polio. National Public Radio https://choice.npr.org/index.html?origin=https://www.npr.org/sections/health-shots/2013/07/31/206947581/last-person-to-get-smallpox-dedicated-his-life-to-ending-polio
- Madrigal AC (2013) The Last Smallpox Patient on Earth. The *Atlantic* https://www.theatlantic.com/health/archive/2013/12/the-last-smallpox-patient-on-earth/282169/

La percepción y el diablo

La percepción es el proceso que usa nuestro cerebro para entender el mundo externo. Nuestro sistema nervioso organiza la información que llega a través de los sentidos, la identifica y la relaciona para conseguir una interpretación razonada de nuestro medio. La percepción puede parecer un proceso pasivo, pero en realidad está modulada por el aprendizaje, la memoria, las expectativas y la atención. La mayor parte de la percepción sucede fuera de la consciencia y solo en ocasiones nuestra corteza cerebral toma el control, se centra en un objeto de interés y nos damos cuenta de lo que estamos percibiendo.

En el tricentenario de la muerte de Johannes Kepler, Albert Einstein dijo «*Parece que la mente humana primero tiene que construir formas de manera independiente antes de que pueda encontrarlas en las cosas*». Einstein se refería a la asombrosa deducción por parte de Kepler de que las órbitas de los planetas alrededor del Sol eran elípticas y no circulares como se había creído hasta entonces, pero en cierta manera fue una premonición de lo que sabemos en la actualidad sobre la percepción y el cerebro. Aún hoy comprendemos poco sobre cómo la materia cerebral, esos mil trescientos gramos de materia gelatinosa dentro de nuestro cráneo, consigue integrar la información sensorial y construir pensamientos, imágenes mentales, sueños, emociones, acciones, recuerdos y toda la panoplia de fabricaciones mentales con las que el sistema nervioso responde a la percepción del exterior.

El sillón del Diablo, Palacio de Fabio Nelli, Valladolid [Rastrojo, Wikipedia].

La clave del proceso perceptivo parece ser la predicción. Como se deduce de las palabras de Einstein, nuestros cerebros construyen formas, imágenes, patrones, escenas... y luego las encuentran, más o menos parecidas, en la información sensorial. Esa cantidad ingente de información, ese caos de ondas luminosas que impactan en nuestra retina, moléculas que entran en nuestra nariz y en nuestra boca, vibraciones que agitan nuestra cóclea, presiones sobre nuestra piel y un largo etcétera son ordenadas mediante la creación de modelos, de pronósticos, una suposición sobre qué es y cómo es lo que genera esas señales sensoriales que llegan hasta nosotros.

En la actualidad tenemos un modelo claro y unívoco de la percepción. Los órganos de los sentidos reciben la información exterior y la envían al cerebro, donde es procesada e interpretada y comparada con esos modelos endógenos, construyendo una estimación del mundo a nuestro alrededor. Pero antes de la ciencia, el proceso perceptivo era más abierto o más difuso, no se pensaba en las evidencias sino que se construía un modo de explicar el mundo en el cual lo percibido y el perceptor se transmitían información de forma biunívoca, en ambos sentidos. Más aún, los objetos podían tener, por su composición, por su fabricación o por su historia, cualidades morales o espirituales de las cuales las personas obtenían beneficios o perjuicios. La hostia elevada durante la consagración en la misa beneficiaba a todas las personas que la veían, poseer una reliquia era bueno para la salud del cuerpo y la salvación del alma y, del mismo modo, las posesiones de un hereje, un acólito del demonio, podían dañar a quienes las tocasen, estaban contaminadas y, entrando por los sentidos, podían transmitir su negro influjo a la salud física o espiritual de las personas.

Mi ejemplo favorito de objeto maligno que afecta al futuro de su perceptor es el llamado sillón del diablo, que se conserva en la actualidad en el Museo de Valladolid. Esta silla de cedro, de respaldo y reposo de cuero marrón y brazos desmontables, fue, según la leyenda, propiedad de Andrés de Proaza, de veintidós años de edad. Este joven de origen portugués había ido a estudiar Medicina a Valladolid, atraído por la fundación de la primera cátedra de Anatomía Humana en España, encargada al cirujano Alfonso Rodríguez de Guevara y beneficiada además de un privilegio real que permitía, por primera vez, hacer disecciones de los cadáveres no reclamados en el Hospital de Corte y en el Hospital de la Resurrección.

La leyenda cuenta que pocos meses después de la llegada de Proaza a Valladolid desapareció un niño de nueve años mientras que los vecinos del portugués, en una calle cerca del río Esgueva, oían gemidos, llantos y ruidos que parecían surgir de su sótano. La evidencia final fue el desagüe de la casa al Esgueva, que «*llevaba teñidas sus aguas de rojo, como de sangre que en él se hubiera vertido y se hubiera coagulado en largos filamentos, que flotaban y se perdían en la corriente*». Vamos, como si fueran hilitos de plastilina, pero de sangre.

Los vecinos avisaron a las autoridades y el registro por la guardia de la casa de Proaza encontró un escenario truculento: el cuerpo descuartizado del niño en una mesa y varios cadáveres de perros y gatos en la misma disposición. Proaza confirmó, probablemente tras la tortura, que había hecho la disección en vivo del niño y que tenía un pacto con el diablo a través de ese sillón, donde se sentaba a escribir historias inspiradas por él, notas de las autopsias y recetas de magia negra. Sentado en aquella silla frailuna, el diablo le ofrecía no posesiones ni poder, sino conocimiento, toda la sabiduría médica del mundo.

Proaza fue castigado y ejecutado por la Inquisición, sus bienes fueron confiscados y acabaron, según comentaron porque nadie los quiso comprar por la fama de nigromante del propietario, en manos de la Universidad de Valladolid. La leyenda es aún más elaborada y se dice que el portugués realizó una maldición explicando que sentándose en ese sillón se recibían «*luces sobrenaturales para la curación de enfermedades*», pero quien se sentara en él y no fuera médico moriría, así como quien lo destruyese. Al parecer un bedel se lo llevó para descansar durante la larga espera entre clase y clase y allí sentado lo encontraron muerto, corriendo la misma suerte el bedel que lo sustituyó. Se recordaron entonces las palabras de Proaza y se acordó colgar la silla del techo de la capilla de la universidad, con las patas para arriba para que fuese aún más difícil sentarse. Así estuvo durante siglos. Las universidades, que siempre se han preocupado de la salud laboral de su personal.

La historia me encanta, aunque tiene un sabor agridulce. Recuerda al mito prometeico, aquel que se aleja de los dioses seducido por el conocimiento, el ansia de saber, por despojar a la naturaleza y a la salud de sus secretos, por ayudar a los hombres y hacerlos menos dependientes del favor o el capricho de la divinidad, una perversión que, al parecer, merece el más duro de los castigos. De hecho, fuimos expulsados del paraíso por comer el fruto del árbol del conocimiento. Si no te entregas a Dios, te entregas al diablo, y el estudio y la experimentación —parecen decirnos— pueden ser un camino hacia el mal, la herejía y la muerte. Una disciplina tan peligrosa como la anatomía, con las disecciones vedadas por la Iglesia durante siglos, una época de libros prohibidos, de autos de fe, de quema de herejes, donde junto a la Universidad de Salamanca estaba la Cueva de Salamanca, la cripta donde daba clase el mismo Diablo, también sentado en su sillón, un mensaje admonitorio hacia el hombre de la silla, el «chairman», el catedrático. Una época en la que Felipe II prohibió que los universitarios españoles estudiaran fuera de las universidades del reino por miedo a que se contagiaran de las ideas reformistas. Una época, la misma del sillón, en la que el doctor Agustín de Cazalla era condenado en solemne auto de fe en Valladolid, aunque al abjurar de sus errores se le concedió la gracia de ser estrangulado antes de quemarle, donde sus hermanos Francisco, Beatriz y Pedro también fueron procesados y condenados a la pira, mientras que para otros dos hermanos, Constanza y Juan, la condena fue tan «solo» de sambenito y cárcel perpetua. La casa de los Cazalla fue derribada y el cadáver de su madre fue desenterrado y arrojado a la hoguera. No debía quedar rastro. ¡Qué terrible!

Además de crear zombis, el vudú usa objetos, avatares, para
pretender hacer daño a otras personas [Gregory].

La percepción y ese flujo de beneficios y perjuicios morales y espirituales procedentes de lo percibido tenía una influencia en la vida de las personas que ahora nos resulta imposible imaginar. Los fieles se agrupaban junto a los altares y sepulturas; el propio altar suele tener una pequeña cavidad donde se coloca alguna reliquia que lo «impregna» de santidad; peregrinos, romeros y palmeros viajaban durante meses a Santiago, Roma o Jerusalén, para estar cerca de los lugares donde había estado Jesucristo o santos principales y contagiarse de ese influjo. Aún hoy juramos tocando un libro sagrado para garantizar la verdad de lo que se está diciendo, el *vere-dicto*.

Tenemos muy claras estas mitologías de nuestra cultura occidental sobre la percepción y la comunicación mediada por objetos, pero somos menos conscientes de que algo similar sucede en otras culturas. Mukendi, un predicador de lo que hoy es la República Democrática del Congo, contaba en sus memorias tituladas *Arrebatado de las garras de Satán* que fue destetado por una sirena y consagrado al diablo por su padre, un brujo. Mukendi relata sus visitas al lugar donde viven los hechiceros y videntes, un sitio maligno situado bajo el agua. Allí hay instituciones fundadas por estos seres del mal, como universidades, instituciones científicas y un aeropuerto internacional que se extiende por debajo de Kinsasa, la capital del país. Según él, todas las ciudades y pueblos del mundo tienen lugares subacuáticos parecidos donde se desarrollan actividades ocultas y allí es donde las personas que en vida fueron controlados por los demonios se juntan y se comunican con los brujos y los magos, allí se alimentan de carne humana y se disfrazan de hombres blancos, para participar incluso en instituciones diabólicas internacionales. No sé si alguno de nuestros partidos políticos incluido. No solo eso, también allí, bajo el suelo, fabrican objetos demoníacos, incluyendo «*coches, ropas, perfumes, dinero, radios y televisores que venden luego arriba*» y con los que «*distorsionan o destruyen las vidas de los que compran esos objetos*». De nuevo, objetos capaces de dañar, una fuente del mal para los que los poseen, la percepción como ruta para la posesión del mal.

Como en ese mundo organizado en zonas superpuestas, las subterráneas, las subacuáticas y las de superficie, el cerebro actúa como una estructura jerarquizada verticalmente donde las predicciones fluyen desde las áreas corticales superiores a regiones cada vez más inferiores, y las señales de error vuelven desde las zonas más profundas hacia arriba, corrigiendo la predicción. Existiría también un flujo horizontal en cada capa, completando la información con distintas entradas sensoriales y aportando información del pasado (memorias) y del futuro (predicciones). Los errores pueden tener mayor o menor credibilidad según el contexto y al final nuestro cerebro intenta minimizar la incertidumbre, conseguir que nuestro mundo cerebral sea una imagen razonable y fiable del mundo real, y afianza las predicciones que mejor encajan con las entradas sensoriales.

Pero va más allá, el cerebro también puede generar datos similares a los sensoriales por su cuenta, independientemente de la verdadera información de los sentidos. Con esa capacidad de crear mundos, nuestro encéfalo imagina, sueña y viaja, tanto despierto como dormido, en el tiempo y el espacio. Y esos mundos creados, que no dejan de ser modelos predictivos también, nos permiten vivir nuevas experiencias, enfrentarnos a nuestros miedos o a nuestras esperanzas en situaciones sin riesgo, tener una vida interior más rica y diversa que si fuéramos meros intérpretes de la realidad exterior.

Las percepciones pueden tener también un lado oscuro. Pueden ser aberrantes, peligrosas, injustas, pueden llevar a delirios y alucinaciones, a los ecos terribles de la esquizofrenia. Ahí, percepciones y predicciones están desenfocadas, la información creada por el cerebro está desajustada y se confunde con la real, hay «voces» internas en las que algunos encuentran la obra del mal, una presencia maligna que te pide en ocasiones hacerte daño o hacérselo a los demás. En un artículo publicado en la revista *Journal of Religion and Health* en 2014, M. K. Irmak planteaba la sorprendente teoría de «*considerar la posibilidad de un mundo demoníaco*» para explicar la esquizofrenia. Los demonios, según él, «*son cria-*

turas inteligentes e invisibles que ocupan un mundo paralelo al de la humanidad». Tienen la *«habilidad para poseer y controlar las mentes y cuerpos de los humanos»,* en cuyo caso *«la posesión demoníaca puede manifestarse en una serie de comportamientos extraños que pueden ser interpretados como un número de diferentes trastornos psicóticos».* En un párrafo del artículo dice:

> [...] *hay similitudes entre los síntomas clínicos de la esquizofrenia y la posesión demoníaca. Síntomas comunes como las alucinaciones y los delirios pueden ser el resultado de que los demonios en la vecindad del cerebro generen los síntomas de la esquizofrenia. Delirios de la esquizofrenia como «mis sentimientos y movimientos están controlados por otros en cierta manera» y «ponen pensamientos en mi cabeza que no son míos» pueden ser pensamientos que nacen de los efectos de los demonios en el cerebro [...]. Las alucinaciones auditivas expresadas como voces discutiendo una con otra y hablando al paciente en tercera persona pueden ser el resultado de la presencia de más de un demonio en el cuerpo.*

Resulta sorprendente que algo así se pueda publicar en el siglo XXI en una revista internacional con revisión por pares, pero es que nuestro mundo es mucho menos racional y científico de lo que creemos. La famosa frase del poeta Paul Eluard *«Hay otros mundos pero están en este, hay otras vidas pero están en ti»* puede definir muy bien nuestra actividad cerebral, combinando percepciones y predicciones, mundos soñados y mundos presentes, la cruda realidad y construcciones imaginarias que existen porque tú las has creado en tu mente. Y todo eso sin necesidad de meter a los demonios por medio.

📖 PARA LEER MÁS:

- Ellis S., ter Haar G. (2004) *Worlds of Power: Religious Thought and Political Practice in Africa.* Hurst & Co., Londres.
- Irmak MK (2014) Schizophrenia or possession?. *J Religion Health* 53: 773–777.
- Roache R (2014) What if schizophrenics really are possessed by demons, after all? Practical Ethics. University of Oxford. http://blog.practicalethics.ox.ac.uk/2014/06/what-if-schizophrenics-really-are-possessed-by-demons-after-all/
- Woolgar C (2016) The medieval senses were transmitters as much as receivers. *Aeon* https://aeon.co/ideas/the-medieval-senses-were-transmitters-as-much-as-receivers

Cine y olfato

El cine es el medio audiovisual por excelencia, aunque las series de televisión le destronaron hace tiempo en las audiencias, y los videojuegos en los resultados económicos. Con esa capacidad única que tiene el olfato para generar emociones, la industria del entretenimiento exploró desde muy pronto sus posibilidades para añadir un nuevo atractivo a sus películas. En las primeras décadas del siglo XX, los dueños de las salas cinematográficas ya habían probado sillas que se movían para simular un terremoto y diminutos espráis que te salpicaban agua en la cara cuando el barco atravesaba una tempestad. Entonces le llegó el turno al mundo de los aromas.

Curiosamente, la primera llegada de las sensaciones olfatorias a una sala de cine en conjunción con la proyección de una película, tuvo lugar en 1906, y fue anterior, por tanto, a la llegada del sonoro. El pionero fue Samuel «Roxy» Rothafel (1882-1936), un empresario cinematográfico que se hizo con algunas de las salas más famosas de Nueva York, como el Rialto y el Strand, y creó un lujosísimo cine, al que bautizó con su apodo, el «Roxy». Ese nombre, gracias a esa imagen de lo mejor de lo mejor, se ha usado para cientos de cines por América y Europa. Rothafel empapó grandes bolas de algodón en aceite de rosas, las colgó del techo y las enchufó a un ventilador durante un documental sobre el Rose Bowl Game, algo a medio camino entre unos juegos florales y una competición universitaria de fútbol americano. El campeonato deportivo estaba tan dominado por Michigan que no había dudas sobre quién ganaría la competición, así que los

Samuel Rothafel, director del Teatro Capitol en Nueva York,
frente a un micrófono Western Electric [Morris Rosenfeld,
27 de enero de 1923, Library of Congress].

Rose Parade, Pasadena, California, 1942 [Laura B. Monteros].

Desfile en el Festival Rose Parade, SW Broadway, 1938 [Portland Archives].

organizadores intentaron aumentar el interés del público con carreras de cuadrigas, carreras de avestruces y una cabalgata de carrozas magníficamente decoradas con rosas y pilotadas por bellas señoritas, la Rose Parade. Cuando estos carruajes aparecieron en escena, Rothafel encendió su ventilador y trasladó mágicamente a los espectadores a esa festividad que se ha celebrado ininterrumpidamente desde 1890, incluidas ambas guerras mundiales, un honor que comparte únicamente con el maratón de Boston, el Derby de Kentucky y la exposición de perros de Westminster.

En 1929, un cine de Nueva York intentó reforzar el éxito de *The Broadway Melody*, el primer musical de la Metro-Goldwyn-Mayer y la primera cinta sonora que ganó el Oscar a la mejor película. Para eso colocó unos diminutos aspersores en la sala que esparcían perfume sobre los espectadores. El mismo año, el gerente del Fenwat Theather de Boston volcó una botella de perfume de lilas en el momento en que la pantalla mostraba el título de otra película: *Tiempo de lilas* (*Lilac Time*). Por su parte, mientras se proyectaba en el Teatro Chino de Grauman de Los Ángeles un número musical titulado *Tiempo de que florezcan los naranjos*, de la película *Hollywood Reviews*, se esparció por la sala un aroma a azahar. Eran pruebas independientes, pequeños experimentos para intentar mejorar esa mezcla entre creatividad y tecnología que recibió el elogioso nombre de Séptimo Arte. Al final, un gancho sensorial para llevar más público a las salas.

Arthur Mayer, productor y distribuidor, uno de los primeros en llevar cine europeo a Estados Unidos, también probó el sistema en 1933. Mayer se había quedado con el Teatro Rialto en Broadway e intentó ir liberando una serie de olores en sincronía con el argumento de la película. Sin embargo había un problema, que fue así explicado por el propio Mayer:

> *Los cañones de aire que distribuían con precisión estos olores en teoría debían eliminarlos con igual eficacia, pero, por desgracia, esta parte del invento no había sido suficientemente perfeccionada. El auditorio estaba tan atiborrado de una mez-*

cla de madreselva, beicon y desinfectante que nos llevó más de
una hora airear la sala, y unos días después había tal olor
a manzanas maduras a mi alrededor que un amigo me pre-
guntó si estaba fabricando aguardiente de sidra a escondidas.

Hubo nuevos intentos, siempre con la misma dinámica: liberar perfumes en momentos clave de la película. El estreno de *Angèle* de Marcel Pagnol en 1935 estuvo también acompañado por la difusión de aromas en el cine. El resultado fue tal desastre que los espectadores organizaron un motín y estuvieron a punto de destrozar la sala. También se hizo con *El halcón del mar* (*The Sea Hawk*), la película dirigida por Michael Curtiz y protagonizada por un Errol Flynn que luce su habilidad con la espada y hace sus acrobacias frente a la Armada de Felipe II. No sé en qué momento soltarían los perfumes, pero la perorata de la reina Isabel al final de la película estaba claramente destinada a la audiencia británica, que empezaba su difícil trayectoria por la Segunda Guerra Mundial —la película se estrenó en 1940— y a la

Mike Todd Jr. y Hans Laube mostrando el sistema
Smell-O-Vision [Cinema Pics].

que se recordaba que defender la libertad era un deber de todo hombre libre y que el mundo no pertenecía a ningún mandatario, un mensaje que, aunque supuestamente recibía Felipe II, tenía como destinatario real a Adolf Hitler.

El interés que un «concierto» de olores podía producir en los espectadores fue aumentando, y al mismo tiempo fue quedando claro que un proyeccionista con una botella de perfume y un ventilador no daba la talla; la liberación de olores de una forma secuencial en un espacio cerrado tenía una complejidad técnica que no era fácil soslayar. Un suizo, Hans Laube, inventó una técnica más sofisticada que llamó Scentovisión. La sala disponía de un sistema de tuberías dispuestas entre las filas de asientos, con lo que el proyeccionista podía controlar el momento y la cantidad de perfume que se liberaba. Laube formó una compañía denominada Odorated Talking Pictures y rodó una película titulada *My Dream* para poder mostrar su tecnología a los posibles compradores. El argumento era muy básico, pero incluía veinte olores: un hombre joven se encuentra en un parque con una chica guapa. La damisela desaparece, pero olvida un pañuelo con su perfume. Siguiendo este aroma, el hombre inicia su búsqueda, un camino que los espectadores también podían seguir: el aroma de las rosas, un hospital con su olor a éter y a desinfectante, los escapes de los coches y, finalmente, incienso durante la boda de la feliz pareja. Laube y sus socios presentaron su sistema en el pabellón suizo de la Feria Mundial de Nueva York de 1939 y el *New York Times* publicó que la Scentovisión «*puede producir olores tan rápida y fácilmente como la banda sonora de una película produce sonido*».

Unos meses después, el 19 de octubre de 1940, la película fue presentada al público por primera y última vez. Tras terminar la proyección, todo el equipo y la única copia de la película fueron requisados por la policía bajo el falso pretexto de que un sistema similar estaba ya patentado en los Estados Unidos. El sistema de Laube parece que era original, pero 1940 no era un buen año para llamarse Hans en Estados Unidos. Laube presentó varias demandas reclamando que le devolvieran sus equipos, pero no consiguió recuperarlos.

Cartel de la película *Fantasía*, la tercera cinta de dibujos animados de Disney, 1940 [The Walt Disney Company].

Aun así, se quedó en Estados Unidos durante la guerra e intentó sacar adelante nuevos inventos, como un sistema de aromas para usar como propaganda en los supermercados y un aparato que, según él, podía liberar más de dos mil olores en los hogares en sincronía con un nuevo invento que conquistaría todas las salas de estar del mundo, la televisión. Volvió a una Europa deshecha en 1946 sin haber conseguido interesar a las grandes empresas en ninguno de sus inventos.

Un aspecto interesante de todas estas tentativas fue que nacían de los propietarios de las salas, cuyos presupuestos eran limitados y tan solo querían superar al cine de al lado, y no por las propias compañías cinematográficas, que tenían un grandísimo poder, los mejores técnicos y presupuestos enormes. Una explicación es que la audiencia se distraía con los olores en vez de seguir la película, algo que no interesaba a nadie y que creaba problemas con el ego de los directores.

Un segundo problema es que la técnica resultaba cara, pues las salas solían ser grandes y necesitaban cantidades importantes de perfume. Este fue el motivo por el que la compañía de Walt Disney tiró la toalla con su idea original de incluir aromas en *Fantasía* (1940). Habían planeado incluir aromas florales para la «*Suite*» *Cascanueces*, incienso para el «*Ave María*» y el «*Credo*» y pólvora para el «*Aprendiz de brujo*». Sus contrincantes en el mundo de animación, los hermanos Warner, también se interesaron en el tema y, de hecho, hicieron un capítulo de Bugs Bunny donde el famoso conejo y Elmer viajaban al futuro y veían un titular de prensa del año 2000 que decía «*la Smellovision reemplaza a la Televisión*». Pero, sin duda, el principal problema fue que las salas no eran fáciles de ventilar, los perfumes permanecían en el ambiente y los distintos aromas se mezclaban.

Pocos años después, en la Guerra Fría, los rusos peleaban por competir con la tecnología de los americanos en todos los frentes. El director de cine Grigory Alexandrov declaró en 1949 que la industria cinematográfica soviética «*estaba a punto de producir películas con olor*», pero no hay evidencias de que hubiera ningún intento real y es posible que solo fuera propaganda comunista.

En 1953, General Electric, la compañía fundada por Edison que fue durante décadas la mayor empresa tecnológica del mundo, desarrolló en 1953 un sistema que bautizaron como Smell-O-Rama, que competía con Smell-O-Vision y AromaRama por el liderazgo en unir aromas y cinematografía. La revista *Variety* llamó a esta pugna, con no mucha imaginación, «*la batalla de los olorosos*». Smell-O-Vision fue un fracaso. La única película en la que se intentó fue *Scent of Mystery* (1960) (*Aroma de misterio*), en la cual un escritor de thrillers descubría un complot para asesinar a una rica heredera americana, interpretada por Elizabeth Taylor, y recorría España en su ayuda acompañado por un taxista interpretado por Peter Lorre. La propaganda del estudio lo presentaba como una nueva etapa en la historia de la cinematografía. «*¡Primero se movieron (1895)! ¡Después hablaron (1927)! ¡Ahora huelen!*». La prensa elogiaba el sistema diciendo que Smell-O-Vision «*puede producir cualquier cosa, desde un tufo a un perfume, y retirarlo instantáneamente*».

Portada del disco con la banda sonora de *Scent of Mystery* (*Aroma de misterio*), de 1960; incluso en esta carátula se hace referencia al Smell-O-Vision.

La película se estrenó en tres cines especialmente preparados en Nueva York, Los Ángeles y Chicago, en febrero de 1960. No funcionó. Según *Variety*, los aromas se liberaban con un siseo que distraía a los espectadores y los que estaban en el anfiteatro empezaron a protestar porque los olores les llegaban varios segundos después que la acción mostrada en la pantalla a la que correspondían. En otras partes del patio de butacas los olores eran muy sutiles y la gente empezó a aspirar aire ruidosamente en un intento por captar el aroma. El espectáculo tenía que ser divertido, pero no lo vieron así ni los espectadores ni los responsables de las salas. Algunos de estos fallos se corrigieron, pero el boca a boca había hecho correr que aquello no merecía la pena e incluso el cómico Henny Youngman contribuyó a enterrar el invento al declarar en una entrevista «*no entendí la película. Tenía un resfriado*». Además, la película tuvo malas críticas, así que el estudio le cambió el título a *Holiday in Spain* (*Vacaciones en España*) y se volvió a estrenar, ahora sin olores. Tampoco fue solución; el periódico *The Daily Telegraph* contaba que «*la película adquiere una calidad desconcertante, casi surrealista, ya que no hay una razón por la que, por ejemplo, una hogaza de pan se saque del horno y se ponga frente a la cámara en lo que parece un tiempo desmesuradamente largo*». Fue la tumba del Smell-O-Vision.

En 1981 se estrenó *Polyester*, dirigida por el gamberro John Waters. La película estaba protagonizada por Divine y era una sátira de la clase media donde iban apareciendo de manera inmisericorde temas como el aborto, el divorcio, el adulterio, el alcoholismo, el fetichismo y la derecha religiosa. Waters incluyó Odorama, una tarjeta de «rasca-y-huele» donde había diez círculos numerados. La tarjeta se distribuía a los espectadores al entrar, y cuando uno de los números salía en pantalla tenían que rascar y oler ese círculo. Los olores eran 1: rosas; 2: heces; 3: pegamento; 4: pizza; 5: gasolina; 6: mofeta; 7: gas natural; 8: olor a coche nuevo; 9: zapatos sucios y 10: ambientador. El número 2 había que olerlo cuando Divine soltaba unas ventosidades debajo de las sábanas. Todo el mundo sabía lo que venía, pero con una sonrisa rascaron y olieron. Cuando la película se vendió en DVD, Waters incluyó en los comentarios del director unas declaraciones donde presumía de que «*audiencias de todo el mundo me han pagado pasta para oler un pedo*».

Los productores de *Rugrats Go Wild*, una película de animación de Paramount estrenada en 2003, usaron el nombre y el logo de Odorama, algo que incendió a Waters. Pero más allá de enfadarse no pudo hacer nada, porque New Line Cinema, su productora, había dejado que caducaran los derechos por no pagar la renovación de la patente. No fue la única. La película de 2011 *Spy Kids* (en Hispanoamérica *Miniespías*) incluía también una tarjeta de rasca y huele que ahora fue denominada «Aromascope». La productora publicitó que era la primera película en 4D, sugiriendo que el olfato le proporcionaba esa nueva dimensión.

En 2013, en el festival cinematográfico Crossing Europe, que se celebra en la ciudad austriaca de Linz, Wolfgang Georgsdorf, un artista especializado en lo que él llama OsmoDrama, presentó una película experimental con aromas: NO(I)SE (noise es ruido y nose, nariz). Una serie de colores destellaban en la pantalla mientras una serie de aromas pasaban por delante de tu nariz. Los asistentes podían captar e intentar distinguir tierra mojada, champiñones, estiércol, chocolate, sudor, hierba recién cortada, heno, pastel de limón, peces podridos y combustible diesel. Los olores eran difundidos en la sala por un proyector de aromas llamado Smeller 2.0, que ocupaba toda la parte trasera del cine, costaba un cuarto de millón de euros y tenía sesenta y cuatro depósitos de olores que iban siendo emitidos por la parte frontal de la máquina por sesenta y cuatro grandes tuberías y dispersados a través de la sala con una fuerte corriente de aire que escapaba por una ventana escondida detrás de la pantalla.

Según Georgsdorf «*puedes tener diferentes olores en fila, cambiando cada pocos segundos y sin que se superpongan. Esto es importante*». Algunos de los olores fueron creados por Geza Schön, un perfumista alemán que ha diseñado fragancias para algunas de las casas de moda más famosas de Francia. Es posible que las técnicas utilizadas sean las mismas, pero no el resultado final, porque algunas de las mezclas introducidas en los depósitos del Smeller llevan los sugerentes aunque no atractivos nombres de «depredador» y «muerte». La ventaja de este sistema, aún con sus muchas imperfecciones, es que permite crear historias, una sucesión de imágenes olfatorias que ahora es demasiado simple pero que quizá algún día pase de ser unas sucesión de unas pocas notas fijas a una auténtica sinfonía. A pesar de todos estos esfuerzos, el cine con «banda olfatoria» nunca triunfó. La revista *Time*, famosa por sus listas, incluyó a Smell-O-Vision en la selección de «Las 100 peores ideas del Siglo XX». Allí está junto al Tratado de Versalles, el amianto, la nueva Coca-Cola o la ley seca. Toda una compañía.

📖 PARA LEER MÁS:

- Fujiwara C (2006) Wake Up and Smell the New World. *Filmcomment* https://www.filmcomment.com/article/wake-up-and-smell-the-new-world/
- Hediger v, Schneider A (2005) The Deferral of Smell: Cinema, Modernity, and the Reconfiguration of the Olfactory Experience. En: A Autelitano (ed.) I cinque sensi del cinema: XI Convegno Internazionale di Studi sul Cinema. Udine: Forum. S. pp. 243-264.
- The real history of smells in the cinema. Olorama Technology https://www.olorama.com/2016/02/24/the-real-history-of-smells-in-the-cinema/

La primera dama inscribe al presidente Calvin Coolidge en la Cruz Roja
Americana, 1925 [National Photo Company Collection, Library of Congress].

El efecto Coolidge

Calvin Coolidge (1872-1933) fue el trigésimo presidente de los Estados Unidos y gobernó el país entre 1923 y 1929. Era un abogado republicano y consiguió fama nacional cuando, siendo gobernador de Massachusetts, se enfrentó a la huelga de los policías de Boston con decisión y firmeza. Los policías querían formar un sindicato y la huelga generó violencia y saqueos, a lo que Coolidge respondió que *«no existe el derecho de hacer huelga contra la seguridad pública por nadie, en ningún lugar y en ningún momento»*. Movilizó a la Guardia Nacional, restableció el orden y la policía de Boston tuvo que esperar hasta 1998 para poder sindicarse. Se dice que encarnaba el espíritu y las esperanzas de la clase media, pero no es menos cierto que después de los escándalos de su predecesor William Harding —que incluían corrupción y amantes varias—, su espíritu tranquilo y poco amante de los conflictos fue vivido como un soplo de aire fresco.

Coolidge redujo la jornada laboral semanal de mujeres y niños de cincuenta y cuatro horas a cuarenta y ocho, vetó un incremento del 50 % en el sueldo de los legisladores, no nombró para ningún puesto a miembros del Ku Klux Klan, con lo que la asociación racista perdió influencia durante su mandato y reforzó los derechos civiles de nativos y afroamericanos. Intentó prohibir los linchamientos, y cuando le solicitaron que impidiera que los negros accedieran a cargos públicos, recordó que en la Primera Guerra Mundial medio millón de hombres de color fueron reclutados para luchar en Europa y *«ni uno solo intentó evadirse»*. Por otro lado, su

La señora Calvin Coolidge, sosteniendo su inusual mascota,
una mapache llamada Rebeca (c. 1923) [National Photo
Company Collection, Library of Congress].

idea de un gobierno poco intervencionista hizo que la respuesta estatal a las inundaciones de Mississippi de 1927, el mayor desastre natural sufrido por los Estados Unidos hasta el huracán Katrina de 2005, fuese insuficiente y también se le acusa de que sus políticas absentistas durante los rugientes años veinte llevaron al país a la Gran Depresión de 1929.

En 1905 Coolidge conoció a Grace Anna Goodhue, una maestra de niños sordos, y se casaron unos pocos meses después. Ella era amigable, tolerante, cariñosa y de buen humor; él era taciturno, reservado y centrado en sus cosas. La pareja tuvo dos hijos, pero el pequeño, John Calvin Jr., murió a los dieciséis años de una septicemia causada por una ampolla infectada en el pie, una tragedia en aquella época sin antibióticos que acentuó aún más el carácter circunspecto y sombrío del presidente, lo que no ha sido óbice para que su nombre protagonice una de las historias más divertidas de la neurociencia.

El término «efecto Coolidge» fue, al parecer, acuñado por el etólogo y psicobiólogo Frank A. Beach en 1955 y, según él, fue a sugerencia de uno de sus estudiantes. La historia venía de una vieja anécdota probablemente apócrifa. Al parecer, el presidente y la señora Coolidge estaban visitando una granja experimental del gobierno. En un momento determinado ambos fueron guiados a zonas diferentes de las instalaciones y la señora Coolidge llegó a una nave con gallineros. En uno de ellos, un gallo montaba a las gallinas con una frecuencia llamativa. La dama preguntó al encargado si aquello era habitual y este le aseguró que así era y que el animal se apareaba «*docenas de veces al día*». La señora Coolidge contestó: «*No olviden comentárselo al presidente*». Cuando Coolidge llegó a esa zona, le explicaron la cuestión suscitada y le dieron el mensaje de su esposa, a lo que él preguntó: «*¿Con la misma gallina siempre?*». La respuesta fue «*Oh, no, señor presidente, con una distinta cada vez*». El mandatario concluyó: «*No olvide comentárselo a la señora Coolidge*».

El «efecto Coolidge» es una respuesta observada en la práctica totalidad de las especies de mamíferos en los que se ha estudiado, en la cual un animal, después de haberse apa-

Los más veteranos y las más veteranas recordarán Pepe Le Pew, la enamoradiza mofeta de exótico acento francés, que andaba siempre detrás de la esquiva gata Penélope Pussycat; personajes creados por Chuck Jones en 1945. Nunca llegaban a culminar su amor, por lo que la pasión del protagonista se iba acrecentando al lo largo del capítulo [Warner Bros, Looney Tunes y Merrie Melodies].

reado repetidas veces, hasta el punto de dejar de responder a los avances de los individuos del otro sexo, recupera la excitación si de repente aparece un animal nuevo, con el que no se ha emparejado previamente.

El experimento es relativamente sencillo. En una jaula grande se coloca una rata macho con cuatro o cinco hembras en celo. El macho se aparea una y otra vez con las hembras hasta que termina agotado o sin interés. La media de eyaculaciones seguidas es de siete a diez, así que mucho ojo con criticar al activo roedor. Las hembras adoptan la postura receptiva típica —lordosis— apartando la cola y arqueando el lomo, y llegan a dar al macho lametazos y sexis olfateos, pero sin éxito. El macho no responde y, en general, deben pasar unas setenta y dos horas antes de que reactive su vida sexual. Ese estado se denomina de saciedad sexual y en los experimentos se suele establecer que se ha alcanzando cuando pasa un intervalo de noventa minutos sin ninguna eyaculación. Se trata de ratas, no aplique este criterio en su entorno cercano. Pero si en la misma jaula se introduce una nueva hembra, distinta a aquellas con las que el macho llegó a ese estado de saciedad sexual, ese animal reaviva su interés y empieza a copular con la recién llegada. Ese acto sexual tiene las tres fases del coito (monta, introducción y eyaculación), pero a menudo no se llega a expulsar fluido seminal, pues no aparecen espermatozoides en el tracto genital femenino. Es decir, el aparato reproductor del macho está vacío pero, aun así, copula.

El efecto se ha estudiado sobre todo en ratas, pero también aparece en otras especies —incluidos los humanos— y se ha detectado en ambos sexos, aunque con menor intensidad en las hembras que en los machos. El estado de saciedad se considera asociado a una disminución de los niveles cerebrales de dopamina, que a su vez va unida a una caída de la motivación sexual. Se han podido descartar otras ideas, como que el problema fuera de incapacidad motora o de fatiga física. De hecho, la actividad sexual en un macho saciado se reactiva si se le administran distintos fármacos, incluidos la naloxona y la naltrexona, el 8-OH-DPAT, la yohimbina, la apomorfina, y la bromocriptina, un agonista de los receptores D2 para dopamina y de varios tipos de receptores para serotonina. Esta bromocriptina es utilizada para problemas como la infertilidad femenina o el hipogonadismo, donde hay un hiperprolactinemia, un exceso de producción de prolactina.

Todas estas moléculas están relacionadas entre sí, y vamos a ver si consigo explicarlo de una forma sencilla. La eyaculación y el orgasmo generan un aumento de los niveles de prolactina, una hormona que tiene ese nombre porque favorece la producción de leche. Un exceso de prolactina genera hipogonadismo (gónadas más pequeñas o menos activas), pérdida de la libido y disfunción eréctil. La secreción de prolactina está parcialmente controlada por la acción de dopamina que, a su vez, actúa en las estructuras cerebrales implicadas en la conducta sexual. La dopamina es clave en los sistemas de recompensa, esos que nos dan un chute cerebral por hacer cosas como tener relaciones sexuales, beber agua cuando tenemos sed o tomar una decisión. Esto sugiere que las eyaculaciones consecutivas por los machos que se aparean tanto como quieren con la misma hembra generan un incremento progresivo en los niveles de prolactina que explicaría el aumento en el intervalo sin sexo después de cada serie de coitos, hasta que se alcanza un período prolongado de inactividad, que es lo que hemos denominado saciedad sexual. Con el tiempo, la dopamina reduce la producción de prolactina y la libido se vuelve a elevar. El punto clave es que la llegada de una nueva hembra es un estímulo que es a la vez novedoso y relevante, características que generan la liberación de dopamina incluso en contextos no sexuales, lo que reiniciaría el proceso y haría que el saciado animal estuviera dispuesto a volver a aparearse. De hecho, nos vuelve locos la novedad desde que somos niños: abrir el paquete de un regalo, mirar dentro de un cajón desconocido, explorar.

Coolidge, evidentemente, debió de pensar que aquellos gallos tenían una vida envidiable y, si dejamos aparte los problemas morales, algo similar debería suceder para nosotros, teniendo en cuenta que además también nos afecta el efecto Coolidge. ¿Cierto, no? Pues la verdad es que no. En 2004 David Blanchflower y Andrew Oswald, dos economistas, investigaron si la mayor variedad sexual iba ligada a una mayor satisfacción. Preguntaron a dieciséis mil norteamericanos adultos de forma confidencial y llegaron a la conclusión de que, primero, la actividad sexual es una parte clave de la valoración de nuestra felicidad. Por otro lado, mayores ingresos no implicaban más sexo o más parejas sexuales, y las personas casadas mantenían más relaciones sexuales que los que eran solteros, divorciados, viudos o separados. También preguntaron cuántas parejas sexuales había tenido cada encuestado el año previo y cuál era su grado subjetivo de felicidad. Tanto en hombres como en mujeres, los datos mostraron que el número óptimo de parejas, el que iba asociado a un mayor índice de felicidad, era uno. En un primer vistazo esto puede parecer contradictorio con lo que vemos a nuestro alrededor: vivimos en una cultura que nos hace estar siempre insatisfechos, nos lleva a buscar sin descanso, a intentar acumular fama, dinero y sexo. Al final son tres cosas que pueden facilitar el incremento del número de hijos, que es algo que la evolución prima, pero nuestro cerebro nos dice que lo importante es el amor, el cuidado de los hijos e hijas, los vínculos de amistad y familia, incluso el hacer el bien a un desconocido. Por eso quizá vivimos en una época que nos lleva inevitablemente a una combinación de saciedad e infelicidad.

Coolidge era un hombre de pocas palabras que llegó a decir «*nunca sabes demasiado, pero sí puedes hablar demasiado*» y «*nunca me ha dañado aquello que no he dicho*». Con esta forma de pensar no es raro que le apodaran Silent Cal, Cal el Silencioso, porque, aunque era un buen orador en mítines y actos oficiales, cuando asistía a comidas oficiales y cócteles, algo que hacía con frecuencia —«*en algún sitio hay que cenar*» decía— apenas hablaba. Se cuenta que en uno de esos banquetes, la dama a su vera le dijo:

—He apostado que le sacaré más de dos palabras durante esta cena.

—Ha perdido —fue su respuesta.

Retrato de Calvin Coolidge sentado en el escritorio, sosteniendo bolígrafo y papel, con un brazalete negro en luto por el presidente Harding (1923) [National Photo Company Collection, Library of Congress].

Dorothy Parker, una crítica literaria y guionista de Hollywood famosa por su lengua afilada, respondió cuando le dijeron que Coolidge había muerto: «¿*Cómo pueden saberlo?*». Otra mujer, Alice Roosevelt Longworth, la hija mayor del presidente Theodore Roosevelt, decía: «*Cuando prefería estar en otro sitio, apretaba los labios, cruzaba los brazos y no decía nada. La pinta que daba era como si le hubieran destetado usando un pepinillo en vinagre*». Coolidge sabía que tenía esa fama y la cultivaba. Una vez le dijo a la actriz Ethel Barrymore: «*creo que el pueblo americano quiere a un asno solemne como presidente, y yo estoy de acuerdo con ellos*». Me temo que con la elección de Donald Trump solo van a satisfacer la mitad de ese deseo.

📖 PARA LEER MÁS:

- Blanchflower DG, Oswald AJ (2004) Money, Sex and Happiness: An Empirical Study. *Scand J Economics* 106(3): 393-415.
- Brooks AC (2014) Love People, Not Pleasure. *The New York Times*. 18 de julio. https://www.nytimes.com/2014/07/20/opinion/sunday/arthur-c-brooks-love-people-not-pleasure.html.
- Rojas-Hernández J, Juárez J (2015) Copulation is reactivated by bromocriptine in male rats after reaching sexual satiety with a same sexual mate. *Physiol Behav* 151: 551-556.
- Ventura-Aquino E, Baños-Araujo J, Fernández-Guasti A, Paredes RG (2016) An unknown male increases sexual incentive motivation and partner preference: Further evidence for the Coolidge effect in female rats. *Physiol Behav* 158: 54-59.

Retrato de Carlo Broschi «Farinelli» (1705-1782), el célebre *castrato* italiano; grabado de Wagner a partir de un retrato de Jacopo Amigoni.

De lo que se come se cría

Durante siglos los testículos fueron considerados como una fuente de energía vital y la eyaculación como una pérdida de poder o de vigor. El propio Aristóteles indicaba que un exceso de actividad sexual drenaba la energía de los muchachos e iba en detrimento de su nutrición y de su crecimiento. Aun así, no apuntaba al lugar adecuado, pues consideraba que la región alrededor de los ojos era la que producía el mejor esperma mientras que los pitagóricos creían que el semen era, de hecho, una gota del cerebro. También durante mucho tiempo los moralistas —según afirmaba el Dr. Romeu— «*aseveraban que la masturbación provocaba, en los hombres, pérdidas de fósforo cerebral a través del semen. La práctica masturbatoria hacía a los jóvenes cretinos, forunculosos, sifilíticos, de cerebro reblandecido y de médula espinal vaciada* [el semen, según los zoquetes sermoneadores, se fabricaría en la médula]» A pesar de esos errores, la función de los testículos fue prontamente identificada y fueron asimilados a vigor, potencia, masculinidad, hombría, agresividad, todas esas supuestas «virtudes» masculinas, algo que todavía sigue vigente en nuestra cultura popular, y sino que se lo digan al famoso caballo del general Espartero.

La castración ha sido desgraciadamente frecuente a lo largo de la historia, tanto en animales para su engorde como en personas. En este último caso, el objetivo más común era crear una casta de esclavos obedientes, de funcionarios leales e incorruptibles, de soldados de élite o de cantantes, aunque también era un castigo común para los traidores y los soldados enemigos. Los eunucos no tenían barba, mostraban poco vello corporal y la mayoría desarrollaban cifosis, una curvatura de la columna vertebral que les hacía andar encorvados y les daba probablemente un aspecto envejecido, un cambio producido por la osteoporosis, causada a su vez por el déficit de testosterona.

Aunque la testosterona no fue conocida hasta el siglo xx, durante siglos se han usado los testículos para contrarrestar lo que se creía una falta de vigor vital y sexual. Así, el romano Gaius Plinius Secundus, más conocido como Plinio el Viejo, recomendaba comer criadillas, los testículos animales, para tratar diversas enfermedades. Testículos secos o crudos fueron prescritos en la medicina islámica (Mensue el Viejo, siglos VIII y IX), china (Hsue Shu-Wei, siglo XII) y occidental (Alberto Magno, siglo XIII) para el tratamiento de distintas dolencias, en particular la impotencia. Al propio Fernando el Católico se le recomendó comer testículos de toro para cumplir con su joven esposa Germana de Foix, de 18 años, por los 53 de él. Sin embargo, como los testículos sintetizan testosterona pero no la almacenan, llegar a unos niveles similares a la producción diaria de un hombre adulto, unos 6-8 mg, requeriría consumir aproximadamente un kilo de criadillas de toro al día, e incluso si engullera esa cantidad, la testosterona oral se inactiva rápidamente por el hígado, por lo que necesitaría una cantidad enormemente mayor para, probablemente, no conseguir nada. Por tanto, toda terapia testicular administrada oralmente puede ser considerada como un placebo, aunque, como sabemos, los placebos también tienen su aquel, y si no que se lo digan a tantos vendedores de homeopatías y otros humos.

La lucha contra la impotencia y el envejecimiento tuvo un refuerzo en el siglo xx. Serge Abrahamovitch Voronoff (1866-1951), un judío de origen ruso que emigró a Francia a los dieciocho años para estudiar Medicina, se formó con Alexis Carrel (1873-1944), un cirujano francés que obtendría el premio Nobel por sus técnicas para suturar vasos sanguíneos y su empleo en los trasplantes. Carrel, con una visión extraordinaria de futuro, planteó la posibilidad de modificar los órganos del cerdo para que no hubiera rechazo y se pudieran usar en personas, una idea con la que se adelantó en más de cien años al avance de la ciencia. Con Carrel, Voronoff quedó fascinado por las posibilidades de los trasplantes de animal a humano y pensaba que se podría restaurar el vigor de la juventud e incluso curar enfermedades mediante la transferencia de órganos, células y sustancias. Fue también un visionario, pues planteó la idea de trasplantar células que produjeran una hormona en la que el receptor tuviese una carencia. Eso estamos intentando en la actualidad con las células pancreáticas que producen insulina para el tratamiento de la diabetes.

En 1889, Voronoff inició una colaboración con el fisiólogo Charles-Édouard Brown-Séquard (1817-1894), heredero de la cátedra de Claude Bernard en París y que estaba interesado en los efectos rejuvenecedores de las glándulas animales. Brown-Séquard, que tenía entonces setenta y dos años, empezó a experimentar consigo mismo, inyectándose un puré obtenido triturando testículos de cobayas y perros. Desafortunadamente, el llamado «elixir de Brown-Séquard» no producía nada observable, aunque el propio interesado no paraba de insistir en su mejoría, lo que le hizo convertirse en diana de chanzas y escándalos. No obstante, es considerado uno de los fundadores de la endocrinología, pues fue el primero en postular la existencia de unas sustancias que eran secretadas a la sangre y afectaban a órganos que estaban muy lejos de su punto de origen. Ahora las conocemos como hormonas. Entre los órganos secretores de hormonas estaban el tiroides, la hipófisis, el hígado, las glándulas suprarrenales o los propios testículos.

Voronoff pasó catorce años en Egipto, de 1896 a 1910, como médico personal de Abbas II, jedive del Imperio otomano. Entre sus funciones estaba la atención médica a los eunucos que cuidaban los harenes y, según él, «al observarlos detenidamente comprobé que la extirpación de sus testículos producía en ellos un decaimiento físico comparable a la vejez. Esto me llevó a considerar que el implante, de al menos un testículo, podría ser un tratamiento adecuado contra el envejecimiento». Ésa sería la base de su fama y fortuna: que los testículos tenían un efecto vigo-

Serge Abrahamovitch Voronoff [Library of Congress].

rizante sobre las personas que había perdido sus «ganas de vivir». Al volver a París se incorporó al Colegio de Francia, considerado más abierto que las universidades, y continuó sus experimentos sobre el rejuvenecimiento trasplantando tejido testicular de animales jóvenes en animales de edad avanzada. Entre 1917 y 1926 realizó medio millar de trasplantes en ovejas, caballos y cabras, de animales jóvenes a viejos, y dijo que conseguía que estos últimos recuperasen la lozanía juvenil. Convencido de que el trasplante de órganos funcionaba, Voronoff pensó en aplicar esas técnicas en humanos y decidió que la mejor opción era utilizar simios como donantes, trasplantando tiroides de chimpancés a humanos con bocio. Consiguió gran fama cuando dijo haber trasplantado uno de esos tiroides de chimpancé a un niño «idiota», afirmando que en un año sus facultades mentales habían alcanzado la normalidad.

Al igual que Brown-Séquard, Voronof inició los experimentos con los testículos consigo mismo. Probó en primer lugar a inyectarse bajo la piel extractos de testículo de perro o de cobaya, el elixir de su maestro. Como no obtuvo los efectos deseados, probó algo más potente: el implante completo de testículos. Primero injertó testículos de criminales ejecutados a millonarios, pero rápidamente la demanda superó al número de donantes involuntarios, con lo que buscó una nueva fuente de tejido testicular y empezó a utilizar monos para atender a los peticionarios de una nueva juventud y un mayor vigor sexual. El problema es que los testículos se necrosaban y la operación terminaba en un fracaso. Probó entonces a trocear los testículos de chimpancés y babuinos en finas láminas y a colocarlos en el escroto de sus clientes. Ahí —según él— la cosa mejoraba, según decía porque se incorporaban y se fundían con el testículo propio, y más probablemente porque el tejido implantado generaría un rechazo y sería eliminado, pero al ser menor cantidad la reacción inmunitaria pasaría desapercibida. Junto a eso, Voronoff puso en marcha una publicidad engañosa donde presentaba los resultados del supuesto antes y el después, mostrando cómo los hombres recuperaban el pelo, lucían más vigorosos y sanos y aumentaban su fuerza muscular. La fuente de la juventud parecía haber sido encontrada entre las piernas de un mono: era posible rejuvenecer y recuperar la potencia sexual usando sus partes pudendas.

La fama de Voronoff fue en aumento. En 1920 publicó un libro titulado *Vida; un estudio de los medios para restaurar la energía vital y prolongar la vida*, donde dice «*la glándula sexual estimula tanto la actividad cerebral como la energía muscular y la pasión amorosa. Infunde en el torrente circulatorio una especie de fluido vital que restaura la energía de todas las células y esparce felicidad*». En 1923, setecientos de los mejores cirujanos del mundo, que participaban en el Congreso Internacional de Cirugía en Londres, aplaudieron su trabajo sobre el rejuvenecimiento de ancianos. Él explicaba que sus implantes no eran afrodisíacos, pero a continuación sugería que mejoraban el deseo sexual. Detalló otros efectos: mejor memoria, capacidad para trabajar más horas, el abandono de las gafas (debido a la mejoría de los músculos oculares) y el alargamiento de la vida. También especulaba con que podía ser beneficioso con lo que entonces se llamaba demencia precoz y que ahora conocemos como esquizofrenia. Uno de tantos despropósitos del siglo XX.

Un golpe de suerte fue que el famoso dramaturgo Anatole France se sometió a su técnica con un supuesto éxito, lo que le generó una enorme fama. Al parecer, cuando llegó a la consulta, France tenía sesenta y un años y un aspecto lamentable, según describe el propio Voronoff:

> …*mejillas caídas, profusas arrugas, ojos mortecinos y sin brillo, fatiga y rechazo a todo esfuerzo físico. Carece además de apetito y se queja de frío incluso aquellos días en los que el calor es insoportable. Al intervenirlo le he injertado —como corresponde a una figura de tal notoriedad— los testículos de un enorme mono cinocéfalo, que he dividido en ocho partes alrededor de sus propios testículos. A los veintitrés días, el escritor me relata su primera erección tras diez años de impotencia. Se repetirían luego con increíble frecuencia sumiéndolo en un júbilo que solo recordar me emociona.*

Voronoff pudo haber sido el primer médico que trasplantara un riñón, pues pidió el cuerpo de un criminal que acababa de ser ajusticiado con ese objetivo. Su petición fue, sin embargo, rechazada por las autoridades parisinas, lo que permitió que esa primacía le correspondiera a Yurii Voronoy, un médico ruso, en 1933. Poco a poco fue siendo evidente que los trasplantes de testículo no generaban ningún beneficio, Voronoff fue perdiendo seguidores y, cuando murió en 1951, a los ochenta y cinco años, nadie se acordaba ya de él. Casi medio siglo después, en 1999, algunos investigadores especularon con que el VIH, el virus causante del SIDA, habría saltado la barrera de monos a humanos debido a sus trasplantes, pero no hay evidencias que apoyen esta afirmación.

La idea de los trasplantes de gónadas no acabó allí, sino que cruzó el Atlántico, a esa tierra promisoria de la charlatanería que ha sido durante mucho tiempo los Estados Unidos de América. El cirujano estadounidense John Romulus Brinkley (1885-1942) injertó mas de cinco mil pares de testículos de macho cabrío bajo la expectativa de mejorar el vigor sexual, sin conseguir nada salvo unas inmensas ganancias, millones de dólares. Al principio decía que era para curar la impotencia, pero luego fue ampliando el mercado, recomendándolo para toda una serie de padecimientos masculinos. Llegó a dirigir varios hospitales y servicios sanitarios en varios estados y, aunque los médicos le criticaron y expusieron sus falacias casi desde el primer momento, siguió con sus negocios durante casi dos décadas. Brinkley decía ser médico, pero se descubrió que nunca había estudiado Medicina y, en realidad, tan solo había comprado un diploma de la Kansas City Eclectic Medical University, uno de lo que los americanos llaman un «molino de diplomas», un establecimiento supuestamente educativo que da un certificado de lo que sea a cambio de dinero, algo que nos empieza a sonar cada vez más conocido también en España. Recibió entonces una demanda de la Sociedad Médica de Kansas, una especie de colegio profesional, perdió la licencia para practicar la medicina y acabó arruinado al tener que pagar indemnizaciones a cientos de pacientes insatisfechos. Aun

Una rata asoma el hocico, desconfiada, en un desagüe [Bilal Kocabas].

así, tenía cientos de miles de seguidores y se presentó en dos ocasiones a las elecciones a gobernador del estado y, al parecer, habría ganado en una de ellas si no hubiera sido por el fraude masivo cometido por sus contrincantes.

Podemos pensar que son historias de hace casi un siglo y que ya somos una sociedad informada y crítica, con una buena cultura científica. No es así, casi nunca es así. Distintos periódicos, como *ABC color* (Paraguay) o *El Periódico Mediterráneo,* recogían en 2003 un despacho de la agencia EFE donde se informaba de que los testículos de ratón se habían convertido en una moda culinaria en los restaurantes de Taiwán, tras conocerse que un hombre estéril —Hueh Ting-fu, obrero de la construcción— se había convertido en feliz padre tras seguir esta particular dieta. No debían ser restaurantes de diseño de los de plato grande y ración pequeña, pues Hueh había consumido un total de seis kilogramos de criadillas de roedor. Si tenemos en cuenta que cada par de testículos de un ratón pesa, según la cepa, de 0,1 a 0,3 gramos, eso significaría que el buen hombre habría dado cuenta de entre veinte mil y sesenta mil roedores. Ni el gato Jinks. Pero su mujer quedó embarazada, ¿no? ¿Qué quiere que le diga? Yo le habría hecho algunas preguntas a la señora Hueh.

📖 PARA LEER MÁS:

- Cooper D K (2012) A brief history of cross-species organ transplantation. *Proc* (Bayl Univ Med Cent) 25(1): 49-57.
- Le Roy I., Tordjman S., Migliore-Samour D., Degrelle H., y Roubertoux P. L. (2001) «Genetic architecture of testis and seminal vesicle weights in mice». *Genetics* 158(1): 333–340.
- Mandal A. (2013) Semen and culture. *News Medical.* https://www.news-medical.net/health/Semen-and-Culture-(Spanish).aspx
- Romeu J. (2012) La masturbación: una «perversión» fácil de practicar. https://www.news-medical.net/health/Semen-and-Culture.aspx

Criadillas de bovino en un mercado, hacen las delicias
de los aficionados a la casquería culinaria [Ducu59us].

La mosca española

A la muerte de Isabel la Católica, su marido Fernando II de Aragón proclamó reina de Castilla a su hija Juana, pero encargándose él de la gobernación del reino. Aquello no gustó a su yerno, el archiduque Felipe el Hermoso, quien buscó el apoyo del enemigo habitual, la corona francesa. Fernando, siempre astuto, neutralizó este respaldo firmando el Tratado de Blois y casándose con Germana de Foix, sobrina del rey Luis XII de Francia. Él tenía cincuenta y tres años y ella diecisiete.

Las capitulaciones matrimoniales incluían que Germana aportaba los derechos dinásticos del reino de Nápoles y el título de rey de Jerusalén a un futuro hijo y el Rey Católico se comprometía, por su parte, a nombrar heredero a ese posible vástago del matrimonio. Aquello hizo brotar la cólera de los castellanos, que veían que la dinastía de Isabel quedaba apartada de esos acuerdos entre el monarca francés y el aragonés. Pero el mayor problema es que todo dependía de la actividad procreadora de Fernando, y a pesar de que la retahíla de hijos naturales y bastardos que había sembrado daban buena cuenta de su fecundidad, la joven reina no llegaba a concebir y cuando lo hizo, como en el caso del príncipe Juan, el bebé murió pocas horas después de nacer. En aquella época sin viagra, Fernando recurrió al polvo de cantáridas, uno de los afrodisíacos más famosos de la época, y a comer testículos de toro, considerados excelentes remedios para «cumplir» con su joven esposa. Fernando murió sin llegar a tener nueva descendencia, según algunos por la toxicidad de las cantáridas, y aquello evitó la disolución temprana de aquel nuevo reino llamado España.

Verde iridiscente, el pequeño escarabajo *Lytta vesicatoria,*
es también conocido como mosca española [Alslutsky].

La cantárida era llamada «mosca española», pero no es una mosca ni tampoco es exclusiva de España. Su nombre científico es *Lytta vesicatoria*, que proviene de «*lytta*», «rabia», y «*vesicatoria*», «capaz de generar ampollas». En realidad, es un escarabajo de la familia *Meloidae*, de unos dos centímetros de longitud, presente en bosques desde el sur de Europa hasta Siberia. Su increíble fama como potente afrodisíaco se ha mantenido durante milenios. Aparece en el papiro Ebers, un texto egipcio del 1550 a. C., considerado la primera farmacopea de la historia; aparece también en el *Corpus Hippocraticum*, el compendio de la medicina griega, y se cree que se usaba para producir abortos. Livia, la esposa de Augusto, lo repartía a escondidas entre los invitados a sus banquetes, al parecer para que la excitación les hiciera cometer excesos y desvelar secretos con los que luego poder chantajearlos. También se lo administraban subrepticiamente en la comida a Luis XIV para que no cesara en su pasión por madame de Montespan, y en la corte francesa del siglo XVII se repartía en las llamadas pastillas Richelieu, una sátira al cardenal y primer ministro inmortalizado por Dumas en *Los tres mosqueteros*.

Las cantáridas se capturaban, se secaban y se trituraban, obteniéndose un polvo iridiscente de sabor amargo y olor desagradable. En el *Manual de la práctica farmacéutica* (*Handbuch der Pharmazeutischen Praxis Hager*), un texto considerado un clásico, se lee: «*Antes se utilizaba de manera interna con fama de afrodisíaco y diurético, ahora ha caído en desuso, pues sus efectos aparentemente afrodisíacos no son más que síntomas de graves enfermedades en las vías urinarias*». Aun así ha seguido usándose —siempre estamos deseosos de mejorar nuestra actividad sexual—, y aparece también en obras literarias modernas. Roald Dahl describe su uso como estimulante sexual en *Mi tío Oswald*, presentando al polvo de la mosca española como la sustancia soñada: «*Una de estas píldoras en tan solo nueve minutos puede convertir a cualquier hombre, incluso a un anciano, en una máquina sexual increíblemente efectiva, que está en disposición de satisfacer a su pareja durante seis horas ininterrumpidas. Sin excepción*». No es de extrañar que quien se crea eso, lo pruebe.

Los textos farmacológicos modernos, a los que les falta sin duda imaginación y capacidad de emocionar, consideran, al contrario, que su efecto es doloroso y lejos de cualquier sensación placentera, y señalan como síntomas habituales tras su contacto con la piel: irritación y formación de ampollas y, si se toma oralmente: insomnio, agitación nerviosa, malestar, dolor abdominal, sangrado gastrointestinal, inflamación de las vías urinarias y retención urinaria. El motivo de estos síntomas es que ni la ingestión ni la digestión acaban con su poder irritante. Así, según va siendo expulsada del cuerpo, el polvo de cantárida genera una inflamación del epitelio intestinal y del epitelio de la uretra. El supuesto efecto afrodisíaco es en realidad una irritación de los genitales que hace que aumente el riego sanguíneo a la zona, un efecto con cierta similitud con lo que sucede tras la excitación sexual. En las mujeres no se nota externamente, pero en los hombres se convierte en una erección prolongada, lo que se conoce como priapismo. No es algo agradable, pero eso no ha impedido que causase furor desde la antigüedad, que se regalase a los novios antes de la noche de bodas, que lo busquen aquellos que tienen miedo a hacer un mal papel o que lo tomasen los reyes para satisfacer a sus amantes o a sus esposas, como el católico Fernando.

El principio activo, la cantaridina, fue aislado y bautizado en 1810 por Pierre Robiquet, un químico francés. Es muy tóxica, con lo que el riesgo de sobredosis es alto y la dosis eficaz y la dosis mortal están desgraciadamente próximas, lo que ha hecho que haya sido prohibida en la mayoría de los países, aunque al parecer todavía se puede comprar en Marruecos y en México. El peligro ha sido demostrado numerosas veces: se cree que el filósofo y poeta Lucrecio murió por sobredosis de cantaridina, que el rey francés Henri IV tuvo serios problemas por la toxicidad de este compuesto y que el propio marqués de Sade fue acusado de envenenamiento y sodomía por haber repartido unas pastillas anisadas con cantáridas a unas prostitutas con las que organizó una orgía en 1772. Afortunadamente para el marqués, fue indultado de la condena de muerte que le había sido impuesta por un comportamiento tan poco edificante. Finalmente, la muerte de Simón Bolívar también pudo estar relacionada con la administración de cantáridas por su médico el doctor Reverend, no como afrodisíaco sino para *«reducir los excesos de humores»*.

Las cantáridas pueden ser también tóxicas para el ganado que coma hierba o beba agua donde estén los pequeños escarabajos. Los animales más comúnmente afectados son caballos y vacas y sucede en todos los continentes. El tratamiento es complejo, porque el daño en los sistemas gastrointestinal y excretor requiere el uso de antibióticos de amplio espectro, pero el daño renal impide el uso de algunos como los aminoglicósidos, que son tóxicos para el riñón. A menudo se favorece el limpiado del tubo digestivo con carbón activado o aceite mineral y suplementos de calcio y magnesio con fluidos o diuréticos para mantener los niveles normales de pH y electrolitos, así como analgésicos para controlar el dolor. Finalmente, la actividad vesicante es la justificación de un uso moderno del polvo de cantáridas: se aprovecha para eliminar de la piel verrugas, lunares y tatuajes.

¿Y por qué los escarabajos meloides fabrican cantaridina? Su función en el insecto se cree que es actuar como elemento protector frente a los depredadores, pues se coloca en la cubierta de los huevos y su alta toxicidad disuade a otros animales de comerse la puesta o a la propia madre. Entonces, ¿por qué es más abundante en los machos? Los escarabajos secretan la cantaridina como un fluido lechoso en las articulaciones de las patas y lo almacenan hasta el momento del apareamiento. En esa fase, el macho acerca a la hembra un paquete de esperma y ella decidirá si fertiliza sus huevos con él o no. Las hembras pueden desechar paquetes espermáticos que, por el motivo que sea, no les agradan y, para mejorar sus posibilidades, los machos ofrecen junto con sus espermatozoides cantaridina para que las hembras puedan recubrir sus huevos con ella y aumentar sus posibilidades de supervivencia. Es lo que los economistas llaman una bonificación y los biólogos, que somos más románticos, un regalo nupcial.

Una muestra de la toxicidad de la cantárida es que se supone que formaba parte, junto con el arsénico, la belladona y la cimbalaria, de uno de los más famosos venenos de la historia, el *acqua toffana*, el arma letal de los Médici. El nombre proviene del su inventora, una tal Giulia Toffana, que vivía en Palermo y que ayudó a numerosas mujeres a quedarse viudas antes de tiempo durante una carrera laboral de más de medio siglo. Bastaban unas pocas gotas mezcladas en agua o en vino para que la persona notara que le ardía la boca, sufriera disfagia, náuseas, vómitos de sangre, problemas cardíacos y respiratorios, fallo renal, orina tintada en sangre, convulsiones, coma, y muriera pocas horas después. La leyenda de que Mozart murió envenenado con el agua tofana carece de fundamento, aunque al parecer el responsable de su difusión fue el propio músico, pues en una entrevista que realizaron en 1829 a su viuda, Constanza, ella declaró que «*seis meses antes de morir*» el famoso composi-

Unos de los meloidos más conocidos son las aceiteras o «curillas», *Berberomeloe majalis*, no son difíciles de ver andurreando entre los terrones del estío. Tienen un ciclo vital extraordinariamente complejo, así que, si te cruzas con ellos respétalos, les costó mucho llegar hasta ahí [Jesús Cobaleda].

tor «*tenía la horrenda impresión*» de que unos desconocidos le habían envenenado con el famoso tóxico. El *aqua toffana* se usaba, además de para el asesinato, como instrumento de las ejecuciones, en su versión legal. Los primeros forenses, para comprobar si la causa de la muerte había sido el uso de este veneno, hacían una prueba de vesicación. Consistía en sacar un órgano del difunto, machacarlo en aceite y frotar la solución así preparada en la piel afeitada de un conejo. La aparición de ampollas en la piel del animal era una señal de que el polvo de las cantáridas había sido el agente mortal.

Las cantáridas son tan solo una de las posibilidades disponibles para usar como afrodisíacos. Otros escarabajos de la misma familia de los meloidos se han utilizado como afrodisíacos de los Alpes a China. En la preparación de estimulantes también se han utilizado escarabajos sanjuaneros, infusiones con las pinzas del ciervo volante o los cuernos del escarabajo rinoceronte. Otras opciones son una babosa de mar de Malasia conocida como «*dugu-dugu*», la piel de algunos sapos, un veneno que se extrae de escorpiones amarillos y unas especies de arañas brasileñas, el ámbar gris de los cachalotes y una proteína que se encuentra en la secreción vaginal de los hámsteres. Más aún, hay un alto número de animales a los que se les atribuye en algunos países propiedades afrodisíacas tales como moluscos (las ostras y los caracoles), crustáceos como los langostinos, o reptiles como las víboras, las lagartijas y los huevos de tortuga o cocodrilo. No hay pruebas de que nada de esto sea eficaz.

La avutarda, uno de los animales famosos por la pasión de su cortejo en el que, según dicen, se olvida de todo lo demás a tal punto que los cazadores pueden acercarse mucho a ellas y matarlas, es de los pocos animales que consumen determinadas especies de escarabajos (*Berberomeloe majalis*, *Physomeloe corallifer*) evitados por las demás aves por su alto contenido en cantaridina. Las avutardas macho comen de uno a tres de estos insectos como máximo, porque de consumir más podrían envenenarse y morir. Se cree que lo usan como un medicamento para acabar con sus parásitos o al menos para persuadirles de que se busquen un nuevo hogar.

Germana de Foix era sobrina nieta del propio Fernando de Aragón, algo que solucionó oportunamente una dispensa papal. Fray Prudencio de Sandoval la retrató como *«poco hermosa, algo coja, gran amiga de holgarse en banquetes, huertas, jardines y fiestas»* y a ella se le hace responsable de darle los afrodisíacos *«porque la reina, su mujer, con codicia de tener hijos, le dio no sé qué potaje ordenado por unas mujeres»*. Fernando falleció en 1516 en la aldea de Madrigalejo y no toda la culpa de no darle hijos a Germana debió de ser suya, pues su viuda contrajo segundas nupcias con el marqués flamenco Juan de Brandemburgo, uno de los nobles del séquito de Carlos v, y terceras con Fernando de Aragón, hijo de Fadrique i de Nápoles, y con ninguno tuvo descendencia. Y es que cuando la cigüeña se pierde, la cuna queda vacía.

📖 PARA LEER MÁS:

- Ledermann DW (2007) Simón Bolivar y las cantáridas. *Rev Chilena Infectol* 24(5): 409-412.
- Pajovic B, Radosavljevic M, Radunovic M, Radojevic N, Bjelogrlic B (2012) Arthropods and their products as aphrodisiacs–review of literature. *Eur Rev Med Pharmacol Sci* 16(4): 539-547.
- Rätsch C (2011) *Las plantas del amor. Los afrodisíacos en los mitos, la historia y el presente.* Fondo de Cultura Económica, México D.F.
- Zavala JM Los afrodisiacos de Fernando el Católico. *La Razón* https://www.larazon.es/lifestyle/ la-razon-del-verano/deconstruyendo-dietas/ los-afrodisiacos-de-fernando-el-catolico-ME10369858

El cabello de Sally

El cabello es una diferenciación de la piel formada por una fibra de queratina y constituida por una raíz, hundida en la dermis, y un tallo. El análisis científico de un cabello o un pelo permite saber a qué especie pertenece y de qué región corporal se ha desprendido. Los cabellos tienen una fase de crecimiento (anágena) y una fase quiescente (telógena), dos etapas que se pueden distinguir al microscopio y que se separan por una fase intermedia llamada catágena. Durante la fase anágena, el cabello crece activamente y las células del folículo piloso depositan nuevos materiales, queratina fundamentalmente, que van formando un tallo cada vez más largo. En la fase telógena, los cabellos solo están anclados por la raíz y las células germinales que están por debajo de ella darán lugar a la próxima generación de un cabello anágeno. En esta fase de reposo, los cabellos se caen de forma habitual y son los que forman la mayor parte de las evidencias cuando un cabello llega a un tribunal de justicia. El recambio del cabello ocurre con un patrón en mosaico, una distribución al azar, sin que se produzca un patrón estacional o la formación de una onda de sustitución. La vida media de un cabello o, mejor, el periodo medio de crecimiento, es de unos mil días y la fase de estado quiescente de unos cien días. Por lo tanto, en un momento determinado, de los entre cien mil y ciento cincuenta mil cabellos que hay en el cuero cabelludo aproximadamente un 10 % estarán en la fase telógena y bastará una mínima tracción, por ejemplo al peinarnos, para que bastantes se desprendan del folículo durmiente y se produzca la caída del cabello.

El análisis forense del cabello se utiliza porque debido a esa fácil separación pueden transferirse de una persona a otra durante un contacto violento, tal como una pelea, un homicidio o una violación y, también, porque a menudo permiten asociar un sospechoso a la escena del crimen por ese rastro capilar que vamos dejando por todas partes. Las identificaciones de personas se hacen normalmente basándose en el color, el grosor y la curvatura del cabello, pues contienen normalmente muy poco ADN, e incluso eso ha sido suficiente para relacionar a numerosos sospechosos con el lugar de un delito. Sin embargo, esas evidencias no siempre son sólidas y una reevaluación de casos archivados ha permitido comprobar que los peritos dieron un respaldo supuestamente científico a algunas evidencias en los tribunales que no deberían haberse producido: distintas personas fueron condenadas basándose en una muestra de cabello y luego se comprobó que eran inocentes.

En octubre de 2000, dos cazadores de patos encontraron una bolsa de plástico cerca del Gran Lago Salado, el enorme lago salino que da nombre a la cercana ciudad de Salt Lake City (Utah). Dentro de la bolsa había un calcetín blanco, una camiseta extragrande, unos pocos huesos y una calavera humana con unos cabellos rubios todavía pegados. Esos cabellos, tan largos que le tenían que llegar cerca de la cintura, son los protagonistas de esta historia. La policía no pudo identificar a la víctima, no había ninguna denuncia de persona desaparecida que encajara en su descripción y le apodaron «Saltair Sally», por el nombre de un establecimiento cercano a donde aparecieron los restos. Sin más evidencias que esos pocos huesos, los forenses determinaron que medía entre 1,52 y 1,60 metros y que pesaba entre 36 y 45 kilos. Buscaron en las bases de datos de personas desaparecidas, revisaron los registros dentales, pues los odontólogos guardan copias de las intervenciones realizadas y las radiografías, e hicieron retratos robot reconstruidos a partir del cráneo, pero nada dio resultado. La mujer siguió siendo identificada como Saltair Sally o Jane Doe, la nomenclatura habitual de una mujer desconocida, y el caso fue finalmente archivado.

En 2007, la policía recibió información de una nueva técnica forense, la espectrometría de masas para la proporción de isótopos estables o SIRMS, revisaron los casos en que podría ser útil, dieron una oportunidad a los restos de Sally y realizaron un análisis de aquellos cabellos encontrados en la bolsa. El objetivo ya no era unir, como vemos a menudo en la televisión, a un sospechoso al lugar del crimen, sino saber más sobre la víctima. La queratina, el principal componente del cabello humano, es una proteína que contiene los veintiún aminoácidos existentes, pero sus proporciones exactas dependen de la bioquímica del organismo y varían de persona a persona. Hidrolizando la queratina y analizando las cantidades de cada aminoácido se consiguen unas medidas que, comparadas con una base de datos, dan pistas sobre el sexo, la edad, el índice de masa corporal y la región de origen de la persona propietaria de esos cabellos. No es una descripción exacta sino un conjunto de probabilidades que permiten, con prudencia, restringir y afinar la búsqueda.

A su vez, y esta era la gran novedad científica, cada molécula del cuerpo está hecha de diferentes elementos químicos y, por poner un ejemplo, todos sabemos que una molécula de agua es H_2O porque contiene dos átomos de hidrógeno y uno de oxígeno. Unos cuantos de esos elementos químicos son en realidad una mezcla de isótopos estables (los isótopos son átomos del mismo elemento que difieren en el número de neutrones). Por ejemplo, el oxígeno, uno de los constituyentes más abundantes de los seres vivos, es en un 99,8 % isótopo-16, ^{16}O, cuyo núcleo contiene 8 protones y 8 neutrones. El 0,2 % restante es casi todo oxígeno-18, ^{18}O, que tiene 8 protones y 10 neutrones en su núcleo, y hay también unas mínimas trazas de oxígeno-17, ^{17}O, con los 8 protones y 9 neutrones. En la costa oeste de los Estados Unidos, como en la costa oeste de la península ibérica, las nubes cargadas de agua se desplazan desde el océano hacia el interior del continente. Las gotas de agua con la mayor concentración de oxígeno-18 pesan más y por lo tanto son las primeras en caer mientras que las nubes que avanzan hacia el interior tienen agua más ligera, donde la proporción $^{18}O/^{16}O$ es menor. Puesto que la mayoría de

La bella y desafortunada Nikole Bakoles, «Saltair Sally», en una fotografía aportada por la familia al National Missing Person Directory.

la gente bebe agua del grifo, que a su vez proviene del agua de lluvia, estudiando el oxígeno de sus moléculas podemos saber más o menos dónde vivía esa persona, dependiendo de si bebía agua más ligera o más pesada. Como cada cabello es un registro cronológico, va creciendo un poco cada día, estudiando cada milímetro por separado podemos ver si esa persona vivía en el mismo sitio o se había mudado en distintas ocasiones de la costa al interior, lo que podría ayudar a su identificación. Así fue en el caso de Saltair Sally. El análisis de sus cabellos por una compañía llamada Isoforensics mostró una proporción de isótopos que en unas partes encajaban con donde se había encontrado sus restos, la zona de Salt Lake City, pero otros segmentos del cabello indicaban que había bebido agua de la región del noroeste de la costa del Pacífico, en concreto Idaho, Oregón o Washington, tres estados que están a varias horas de avión de donde se encontraron sus restos. Los investigadores pensaron que en los últimos años de su vida, los que correspondían a la longitud de sus cabellos, Sally había viajado varias veces entre Utah y la costa, por lo que pensaron que podría proceder de allí y que aquella joven habría ido a Salt Lake City a trabajar o a estudiar y allí fue donde su destino se cruzó con el de su asesino. La policía exploró entonces los casos de personas desaparecidas en esos otros estados y finalmente tuvo éxito.

El 7 de agosto de 2012 la policía anunció que había identificado a Saltair Sally. Su aspecto real no se parecía en nada al retrato robot y su altura y peso tampoco se correspondían con las estimaciones hechas por los peritos forenses. La antropología forense no es una ciencia exacta. Su nombre era Nikole Bakoles, era del estado de Washington, precisamente en el noroeste del Pacífico y se había trasladado a Utah en 1998, dos años antes de su asesinato. Como sugería el análisis espectroscópico en los años antes de su fallecimiento había viajado repetidas veces a su casa a visitar a su familia, volviendo después a Salt Lake City. Había tenido una niña y había perdido poco después su custodia, alejándose también de su familia, con los que perdió el contacto. Los padres, tras pasar años y años sin saber de ella, habían puesto una denuncia por desaparición tres años después de que aparecieran sus restos, pero la policía del estado de Washington no había pasado esa información a la policía de Utah. Finalmente, al pedir los datos de los estados costeros y encajar el período de la desaparición y la descripción de la persona desaparecida, los investigadores hicieron una comparación entre el ADN de los restos y el de su madre, confirmando la identificación. Ahora solo falta que se encuentre a su asesino, algo que aún no se ha producido, pero es sugerente pensar que nuestros cabellos, y también otras partes de nuestro cuerpo que se renuevan constantemente, guardan un diario de nuestra vida, un recuerdo de quien un día fuimos.

📖 PARA LEER MÁS:

- Armitage H, Rogers N (2016) Hair forensics could soon reveal what you look like, where you've been. https://www.sciencemag.org/news/2016/03/hair-forensics-could-soon-reveal-what-you-look-where-you-ve-been
- Fenster A (2013) The case of "Saltair Sally". https://www.mcgill.ca/oss/article/technology/case-saltair-sally

Los primeros mejores amigos

Los genetistas estudian el ADN y viendo las variaciones en la secuencia, las mutaciones producidas con el tiempo, pueden poner el calendario a girar al revés y situar tanto geográfica como temporalmente a los ancestros de un grupo. Es llamativo pensar que todos los seres humanos actuales derivamos de una mujer que vivió hace entre 99 000 y 200 000 años en el este de África, la llamada Eva mitocondrial. También es asombroso conocer que todas las personas de ojos azules derivan probablemente de una persona que vivió en el noroeste del mar Negro hace unos 8000 años, un mutante con una mirada especial. Ese sí que era «*Ol' Blue Eyes*» y no Frank Sinatra.

Dos estudios de hace pocos años han analizado la genética de los perros, investigando la diversidad del ADN en perros primitivos, razas modernas y lobos actuales. La diversidad de los perros del sudeste asiático es mayor que en otras regiones del planeta y son los más parecidos a los lobos grises, indicando que en esa zona apareció el perro doméstico hace unos 33 000 años. Es decir, el primer perro, tal como los conocemos, surgió en Asia cuando todavía éramos cazadores-recolectores. Hace 15 000 años un grupo de humanos con sus perros ancestrales migraron hacia Oriente Medio y desde allí hacia África y hacia Europa, llegando a nuestro continente hace unos 10 000 años. Uno de los linajes perrunos migró de vuelta hacia el este generando una serie de poblaciones mezcladas con los linajes endémicos asiáticos en el norte de China, antes de cruzar por el estrecho de Bering y llegar a América. No hay lugares donde haya hombres y no haya perros.

Un perro pastor cuida un rebaño de ovejas [Kirk Geisler].

Las razas caninas modernas son una historia diferente, han sido «creadas» mayoritariamente en los últimos dos siglos en Europa. Darwin, que amaba los perros, vio que la selección artificial por los humanos de algunas características deseables producía rápidamente razas muy diferentes del animal original. Eso le hizo pensar que quizá la selección natural podría generar cambios similares y llevar con facilidad a la aparición de nuevas especies. Ese interés le impulsó a cartearse con cientos de criadores, no solo de perros, sino también de prácticamente cualquier especie domesticada, de pollos a gatos, de cerdos a vacas, de palomas a caballos. Publicó toda esa investigación en una obra magistral en dos volúmenes titulada *Variations in Animals and Plants Under Domestication,* un tratado que siglo y medio después sigue siendo la obra de referencia en el tema.

Cuando Darwin era un niño no había más de quince razas de perros reconocidas. Cuando publicó *El origen de las especies* ya eran cincuenta. Ahora están en torno a cuatrocientas y la mayoría de las variedades han conseguido una identidad en menos de treinta generaciones. Nos asombra la diferencia entre un san bernardo y un pequinés, pero a veces la genética es mucho más parecida de lo que creemos y, en ocasiones, una sola mutación genera una nueva raza. El lobero irlandés tiene un metro de alzada y pesa como treinta chihuahuas, pero ambas razas difieren solo en un gen. Darwin encontró una serie de rasgos que se repetían con regularidad en distintas razas de animales domésticos y que se han denominado el síndrome de domesticación. Hay cosas necesarias y evidentes, como una mayor docilidad, pero otras son menos esperables a priori, como cambios en la coloración (aparecen los pelajes a manchas blancas y negras), dientes y cerebros más pequeños y hocicos más cortos. En muchas especies, las colas se vuelven cortas o enroscadas y las orejas se «caen». Darwin especuló que algunas de esas características, como el pelaje blanco y negro, podía tener cierta utilidad —las manchas del dálmata o la vaca holstein podían hacer que fuera más fácil localizar al animal en el campo— pero no encontró una explicación fiable para todo lo demás.

Tecumseh Fitch, Adam Wilkins y Richard Wrangham han propuesto una nueva explicación. Su hipótesis se basa en que todos los rasgos del síndrome de domesticación tienen que ver con una población celular: la cresta neural. Estas células migran durante el desarrollo embrionario para formar las glándulas suprarrenales y partes del sistema nervioso, además de las células pigmentarias de la piel y grandes partes del cráneo, los dientes y las orejas. La idea es que a la hora de domesticar una especie lo más importante es que no sea agresivo ni demasiado miedoso (algo que también puede llevar a la agresividad) y las glándulas suprarrenales y el sistema nervioso simpático son los responsables de la respuesta de «lucha o huida». Pero si elegimos un animal con una cresta neural anómala (porque eso es lo que le ha llevado a ser tranquilo y confiable) es muy probable que tenga cambios en la cabeza, los dientes, las orejas y el pelaje, porque todas estas cosas están relacionadas. Un cachorro pequeño no tiene su sistema de defensa bien desarrollado, por lo que si empieza a tratar con un humano muy pronto y no ve a su madre respondiendo con agresividad o miedo, aceptará a esa persona. Los lobos tienen una ventana para ese proceso que dura hasta que tienen un mes y medio, tiempo en el que no son

Dos lobeznos juegan en la lobera [Por Bildagentur Zoonar].

capaces de generar una respuesta de lucha o huida. Si antes de ese período se exponen repetidas veces a los humanos, les aceptarán y estarán domesticados; si es después, atacarán o saldrán corriendo. En los perros, esta ventana de socialización dura mucho más, hasta los cuatro-diez meses dependiendo de la raza. Después de ese tiempo, si un perro no ha tenido trato con humanos les tendrá miedo a pesar de que convivan juntos. Estos investigadores piensan que la docilidad vienen de una maduración tardía y un funcionamiento alterado de las glándulas suprarrenales y el sistema nervioso simpático, que a su vez proviene de que haya menos células de la cresta neural y hayan migrado más tardíamente. Como estas células son precursoras de los dientes, la piel pigmentada, los hocicos y las orejas, esos cambios sencillos explicarán todas las características del síndrome de domesticación.

Esta hipótesis es apoyada por experimentos con zorros siberianos realizados en la Unión Soviética en los años cincuenta. Los rusos querían domesticar a estos animales codiciados por su piel e hicieron una selección de las crías que menos miedo mostraban y eran más amigables. En menos de diez generaciones consiguieron una raza domesticada y muchos de estos animales tenían síndrome de domesticación, incluyendo una función adrenal reducida, una mayor ventana de socialización, cambios en la pigmentación, orejas caídas y hocicos más cortos.

Uno de los equipos de genetistas perrunos recogió ADN de 549 perros de pueblo en 38 países por todo el globo y de 4676 perros pura sangre de 161 razas diferentes. Tras analizar 185 805 marcadores diferentes pudieron establecer un esquema de cómo unos perros están relacionados con otros y situar a los ancestros en ese árbol genealógico. Evidentemente no sabemos cómo se produjo la primera domesticación, la primera «creación» de un perro, pero se supone que fue realizada por cazadores-recolectores a partir de una manada de lobos grises. Los humanos cada vez cazaban mejor y eso, combinado quizá con algún cambio climático, hizo que la cantidad de alimento disponible para los predadores de cuatro patas fuese mucho menor. El resultado es que algunos lobos se hicieron carroñeros, lo que favorecería la disminución de su agresividad, un menor tamaño y un mayor acercamiento a aquellos hombres que establecían campamentos donde siempre había basura comestible. Para aquellos lobos menos agresivos, los humanos serían vistos más como proveedores de comida que como posibles presas. Eso iría haciendo que los lobos fueran cada vez peores cazadores, lo que a su vez iniciaría el camino hacia la domesticación, algo que probablemente se haría cogiendo un lobezno joven como si fuera un juguete, una mascota y haciéndole convivir con los humanos, mayores y niños, desde muy pequeño.

Los perros primitivos fueron cambiando su morfología. Su pelaje se volvió más suave y con manchas blancas, las orejas se hicieron más flexibles y se doblaron o directamente se volvieron gachas, los dientes se hicieron más pequeños, y empezaron a menear la cola para mostrar su alegría, características todas ellas que les hacían más gratos a los humanos. En unas pocas generaciones dejaron de parecerse a los lobos de los que se habían originado y surgió nuestro *Canis familiaris*. También cambió su psicología. Aprendieron a leer los gestos humanos: algo que nos parece tan sencillo como señalar una pelota y que nuestro perro nos la traiga es en realidad bastante asombroso. Incluso nuestros parientes más cercanos, como chimpancés y bonobos, no entienden los gestos humanos tan bien como lo hace un perro. De hecho, los perros nos miran y siguen nuestros gestos de una forma parecida a como lo hace un niño, por eso es tan extraordinaria la comunicación que tenemos con ellos. Dicen que nuestra esclerótica blanca, «el blanco de los ojos», facilita esa comunicación humano-perro, pues detectan con rapidez lo que estamos mirando. Los perros aprendieron a captar e interpretar algo tan sutil como un cambio en la dirección de nuestra mirada o nuestra expresión. Curiosamente, unos investigadores japoneses han comprobado que cuando un humano y un perro se miran a los ojos, en los dos cerebros hay una liberación de oxitocina, la hormona asociada con la confianza y el amor que se cree responsable del vínculo entre la madre y su bebé. Los lobos, aunque estén domesticados, evitan compartir la mirada con sus cuidadores humanos y cuando lo hacen no se genera ese efecto en la producción de oxitocina que sí muestran los perros.

Aquel vínculo de hace 30 000 años entre humanos y perros nunca se ha roto. Al poco tiempo, los perros se hicieron valer para aquellos cazadores-recolectores. Sus ladridos avisaban de la presencia de un extraño; su olfato, su velocidad y su agresividad les convertía en perfectos aliados para la caza; sus dientes eran unas armas afiladas para cazar y también para defenderse de un predador o de un enemigo; sus cuerpos calientes y peludos eran una bendición en una noche gélida, y quizá por eso todavía lo llamamos «*una noche de perros*». Y también, aunque a alguno le pueda estropear el desayuno, los perros podían servir, si las cosas se complicaban, como una reserva de comida para emergencias. Un agricultor rápidamente establece depósitos de grano, almacenes de carne salada o ahumada, depósitos de pescado en salazón o de queso. En cambio, un grupo de cazadores-recolectores no puede almacenar mucho alimento porque las cosas que pueden transportar están limitadas. A no ser que la comida se transporte sola. Algo que experimentaron muchos exploradores polares con sus perros esquimales.

📖 PARA LEER MÁS:

- Fitch T (2015) How pets got their spots (and floppy ears). *New Scientist* 3002: 24-25.
- Hare B, Woods V (2013) Opinion: We Didn't Domesticate Dogs. They Domesticated Us. *National Geographic*. https://www.nationalgeographic.com/news/2013/3/130302-dog-domestic-evolution-science-wolf-wolves-human/
- Nagasawa M, Mitsui S, En S, Ohtani N, Ohta M, Sakuma Y, Onaka T, Mogi K, Kikusui T (2015) Social evolution. Oxytocin-gaze positive loop and the coevolution of human-dog bonds. *Science* 348(6232): 333-336.
- Wang GD, Zhai W, Yang HC, Wang L, Zhong L, Liu YH, Fan RX, Yin TT, Zhu CL, Poyarkov AD, Irwin DM, Hytönen MK, Lohi H, Wu CI, Savolainen P, Zhang YP (2016) Out of southern East Asia: the natural history of domestic dogs across the world. *Cell Res* 26(1): 21-33.

Anuncio publicitario de los años cincuenta con los caramelos austriacos «PEZ» de peppermint. Su nombre es acrónimo de la palabra alemana *«Pfefferminz»*, que significa «menta».

Frescor al instante

La menta es un género de plantas de la familia *Lamiaceae*. Las distintas especies se hibridan con frecuencia, tanto de forma natural como en cultivos, por lo que no está claro cuántas especies diferentes hay, entre 13 y 18. Son plantas aromáticas, casi siempre perennes y que se encuentran en todos los continentes. Crecen especialmente en suelos húmedos y con cierta sombra; en esas circunstancias se propagan con rapidez a través de estolones, llegando a ser una mala hierba. Por otro lado, se supone que es una buena planta de compañía, pues repele pestes y atrae insectos beneficiosos, aunque son susceptibles de ser atacadas por la mosca blanca y los pulgones.

La menta piperita es un híbrido estéril obtenido del cruce de la menta acuática (*Mentha aquatica*) y la hierbabuena (*Mentha spicata*). Su nombre en inglés es *peppermint* y así la conocemos en algunas de sus aplicaciones como bebidas alcohólicas (¡mojito!), chicles, helados, bombones o pasta de dientes.

Plinio el Viejo escribió en su *Historia Naturalis*, que los griegos y romanos consideraban esta planta un símbolo de la hospitalidad, se coronaban con sus hojas, adornaban con ella sus mesas y los cocineros la usaban para aromatizar sus salsas y sus vinos. En herboristería se usa para tratar los dolores de estómago y de pecho, como carminativo, y también se emplea en algunos tratamientos sin ningún respaldo científico, como la aromaterapia, ya que una de sus características principales es ese olor característico generado por la presencia de una serie de alcoholes y aceites esenciales, en particular el mentol. El aceite de menta también contiene mentona y los llamados mentil-ésteres, en particular el acetato de mentilo. Además, contiene otros productos volátiles como el limoneno, la pulegona —un potente insecticida que la planta utiliza para defenderse—, el cariofileno y el pineno, moléculas que contribuyen a esa explosión de olores y sabores que genera la menta.

Una característica llamativa de la menta y los productos mentolados es la sensación de frío que producen en la boca. Ello es debido a que el mentol engaña al sistema nervioso. Tenemos un tipo de termorreceptores que informan al sistema nervioso sobre cambios en la temperatura. Es una información importante por lo que estos receptores tienen largas prolongaciones que llegan a todas las partes del cuerpo, tanto la piel, como las mucosas, incluida la boca. Esas células contienen a su vez unas proteínas receptoras que se denominan TRPM8. Estas siglas corresponden a *Transient receptor potential cation channel subfamily M member 8,* or TRPM8. Quizá es bueno hacer la disección de que significa un nombre tan complejo: *Channel* es un canal, una proteína que sirve para el paso de iones de un lado a otro de la membrana de una célula. *Cation* es un ión de carga positiva, lo que indica que los que pasan de un lado a otro de la membrana de la neurona son iones como el Na^+ o el Ca^{2+}. Como hay mucho más sodio y calcio fuera de la célula que dentro, al abrirse el canal, estos dos iones entran dentro de la neurona en grandes cantidades y con mucha rapidez. Como el interior de la neurona es negativo frente al exterior, la entrada de muchas cargas positivas produce lo que se llama una despolarización, la carga se invierte y se genera un potencial de acción. *Transient* significa transitorio, es decir que va a ser breve, temporal, así que el canal no se queda abierto mucho tiempo. Recientemente se ha visto que el TRPM8 tiene otra función receptora, responde a la osmolaridad extracelular. Al parecer el receptor está presente en la córnea y lo que hace es, en función de la concentración de la película que cubre el ojo, ajustar la frecuencia de guiño del animal. El TRPM8 se expresa también en la próstata, los pulmones y la vejiga urinaria y es posible que su presencia ahí tenga que ver con ese control de la osmolaridad. En condiciones normales, cuando hay frío, el canal se abre, entran los iones, se produce una despolarización y esa despolarización se extiende por la membrana de la célula viajando con mucha rapidez por distancias relativamente largas informando al sistema nervioso central de que hace frío hay afuera. *Winter is coming!* El truco es que el mentol se une al mismo receptor y provoca que el canal se abra, generando los mismos cambios. Por eso, el cerebro «cree» que hace frío allí donde ha llegado el mentol. Si a continuación bebemos agua fría, esas células que ya habían respondido al mentol responden al frescor de la bebida, haciendo que las neuronas termorreceptoras disparen otra vez, por lo que la sensación de frescor se hace aún más poderosa. Algunas pomadas también pueden producir esa sensación de frescor, que se basa en esa misma interacción entre algún componente químico y las proteínas receptoras.

Se planteó si sería posible que hubiera dos poblaciones de células receptoras, unas que respondieran al mentol y otras al frío. Los investigadores aislaron las células y primero vieron que si se les aplicaba mentol, se producían potenciales de acción. A continuación las bañaron con agua a 35 °C y luego a 5 °C y se produjo un aumento de la actividad eléctrica de las células, lo que indica que las mismas células respondían a ambos estímulos: al frío y al mentol.

El sistema es bioquímicamente más complejo porque hay muchos otros tipos de canales que también responden a las bajas temperaturas, incluidos, además del TRPM8, el TRPA1, el TRPM3, el TRPV1, canales de cloruro activados por calcio, canales iónicos ORAL1 permeables a calcio, canales de potasio con dominios de dos poros y canales de sodio ligados a voltaje. ¿Por qué tantos para, en teoría, hacer lo mismo? Porque una célula solo puede o disparar o no disparar con lo que si solo hubiera un tipo de canal solo habría una información: frío o no frío. La ventaja es que, como cada uno de los canales tiene una respuesta máxima a una temperatura diferente, vamos a tener un auténtico termómetro en la piel formado por esa multiplicidad de receptores, que se pueden activar de una manera secuencial. Además, esa diversidad va a hacer que no todos seamos iguales, que haya personas que respondan al frío de una forma más intensa que otros y hay, de hecho, distintos umbrales al dolor generado por el frío.

El efecto del mentol sobre los receptores del frío es saciar la sed, facilita la respiración y genera una sensación de alerta. Son aspectos que parecen estar relacionados, las bebidas frías sacian nuestra sed más rápido que las mismas bebidas cuando están a temperatura ambiente —no hay más que pensar en esas deliciosas cervezas frías del verano y pensar en el mismo líquido calentorro que beben los ingleses— y esa sensación de atención y mente ágil explicaría también porqué echamos mentol a algunos productos comerciales como los cigarrillos, donde el fumador suele apreciar esa sensación de que vuelve su mente más ágil, o los medicamentos contra el catarro, que suelen llevar componentes que nos dejan adormilados y que el mentol puede compensar.

Aunque la menta piperita crece con facilidad y rapidez, es tan amplia la gama de productos en los que la usamos que no habría mentas suficientes en el mundo para saciar la demanda de mentol, que se calcula en 25 000-30 000 toneladas por año. La solución la dieron los químicos. Desde 1973, el mentol se fabrica utilizando síntesis química y, desde unos años después, lo que se llama catálisis asimétrica. Al principio se obtenía una mezcla al 50 % de dos isómeros, (−) y el (+) -mentol cuyos aromas son diferentes. Solo interesa el (−) -mentol, pero el

Grabado publicitario «*Peppermint oil*» (c. 1870) [Library of Congress].

químico japonés Ryoji Noyori inventó un procedimiento que permite desplazar el proceso de catálisis hasta obtener el isómero deseado en una proporción del 97 %. A Noyori le dieron el premio Nobel de Química en 2001.

La menta ha sido desde hace siglos uno de los sabores básicos de los caramelos. Uno de los motivos es que es bastante resistente al calor, por lo que no se estropeaba al mezclarla con el azúcar fundido. Por otro lado, estos caramelos con sabor a menta se conocen en Europa desde hace siglos y es muy probable que llegasen a nosotros a través del mundo árabe, donde la menta forma parte de sus infusiones —el té de los tuareg— y sus platos —la menta suele acompañar frecuentemente a los guisos de cordero—. El aceite de menta se usa también en la construcción, para comprobar la estanqueidad de las tuberías. Si huele a menta en algún sitio es que las conducciones tienen una fuga.

Recientemente se ha encontrado un nuevo uso para el aceite de menta: es un magnífico crecepelo. Después de probar con solución salina, aceite de Jojoba, minoxidil y aceite de menta, este último produjo los mejores resultados con mayor grosor de la dermis, mayor número de folículos pilosos y mayor profundidad folicular. Lo único que falta es que el nuevo cabello tenga un suave perfume mentolado y será perfecto.

📖 PARA LEER MÁS:

- García Laureiro JI (2013) Frescor, el frescor... https://isqch.wordpress.com/2013/06/26/frescor-el-frescor/
- McKemy DD, Neuhausser WM, Julius D (2002) Identification of a cold receptor reveals a general role for TRP channels in Thermosensation. *Nature* 416: 52-61.
- Oh JY, Park MA, Kim YC (2014) Peppermint Oil Promotes Hair Growth without Toxic Signs. *Toxicol Res* 30(4): 297-304.
- Quallo T, Vastani N, Horridge E, Gentry C, Parra A, Moss S, Viana F, Belmonte C, Andersson DA, Bevan S (2015) TRPM8 is a neuronal osmosensor that regulates eye blinking in mice. *Nat Commun* 6: 7150.
- http://boundlessthicket.blogspot.com.es/2012/04/that-cool-mint-feeling-when-i-was-in.html

La impresionante «Cueva de las manos» en Patagonia, Argentina [S. Singer].

Me faltan dedos

Las pinturas rupestres son un tipo de arte parietal que se encuentra en las paredes o en los techos de cuevas por todo el mundo. Tiene una larga historia y en algunos lugares, como la cueva de Gabammung, en el norte de Australia, hay pinturas de más de 28 000 años de antigüedad, mientras que otras, en el mismo lugar, se hicieron hace menos de un siglo.

Las siluetas y las huellas de manos son un componente característico del arte rupestre. De hecho, la pintura rupestre más antigua que se conoce es una silueta de mano roja encontrada en la cueva de Maltravieso, en Cáceres. El método de uranio-torio la dató en más de 64 800 años, lo que sugiere que fue realizada por un neandertal, ya que esa fecha es anterior a la llegada de *Homo sapiens* a la península ibérica por al menos 20 000 años. Sin embargo, esta cronología es discutida y hay quien considera que esa pintura tiene una antigüedad de 47 000 años, una edad que la haría mucho más cercana a la presencia de los primeros sapiens en el occidente europeo.

Para crear una imagen positiva de mano positiva, una huella, el artista sumergía su mano en pigmento y luego la presionaba sobre la pared de la cueva. Para hacer una imagen negativa de mano, una silueta, el individuo colocaba una mano en la pared y soplaba el pigmento, probablemente a través de una caña, un hueso o algún otro tipo de tubo hueco. Estas siluetas de mano forman una imagen característica con un área aproximadamente circular de pigmento sólido rodeando la forma incolora de la mano en el centro, que luego, a veces, está decorada con líneas o puntos. Siluetas y huellas de manos se encuentran en formas similares y por cientos en Europa, Asia oriental, América del Sur y Australia.

Una cosa llamativa es que algunas huellas y siluetas de manos encontradas en el arte rupestre muestran la falta total o parcial de un dedo o más. Su proporción es asombrosamente alta: de las 231 imágenes de manos en la cueva de Gargas en Aventignan (Francia) en 114 falta, al menos, un segmento de dedo, mientras que en la cueva de Cosquer (Calanque de Morgiou, Francia), de 49 imágenes de manos, a 28 les falta algún segmento de dedo. La falta de falanges de dedos en las huellas y siluetas de las manos no se limita a los pintores del Paleolítico francés: en Maltravieso, a 61 de las 71 imágenes de las manos les faltan dígitos. Muchas cuevas han sido ocupadas en diferentes períodos, pero se piensa que la gran mayoría de estas imágenes con falanges perdidas se remontan al Gravetiense (ca. 22 000 - 27 000 años de antigüedad) y, basándose en el tamaño de las imágenes, se cree que estos individuos incluían hombres, mujeres, adolescentes y niños.

Un hombre sopla a través de un útil tubular, probablemente un trozo de caña o de hueso largo, proyectando el pigmento que creará la silueta de su mano [original de Nicolas Primola].

Las explicaciones sobre la «falta» de dedos en estas imágenes son muy variadas. Una posibilidad es que las manos estuvieran intactas y los autores de la pintura doblasen los dedos al hacer las huellas o las siluetas, tal vez para sostener una herramienta, como un sistema simple de recuento, como firma o como lenguaje de señas. Los defensores de esta última hipótesis han argumentado que las imágenes de manos incompletas se asemejan mucho a las señales manuales utilizadas por algunos grupos San para comunicarse en silencio mientras cazan. Sin embargo, hay impresiones de manos con muñones de dedos en barro endurecido en la cueva de Gargas que sugieren que son mutilaciones reales. Una segunda posibilidad es que las personas perdiesen accidentalmente dedos debido a congelación, a accidentes de caza, a lesiones al tallar las herramientas de piedra, a infecciones u otras enfermedades. La enfermedad de Raynaud, por ejemplo, implica un estrechamiento de las arterias que reduce el flujo de sangre a los dedos y puede, en casos graves, requerir la amputación de las partes afectadas. Otro ejemplo es el comportamiento de automutilación que afecta a los dedos después de una infección meningocócica grave o el síndrome de Lesch-Nyhan, dos circunstancias donde también es común perder dedos o falanges. Una tercera posibilidad es que la pérdida fuera real, pero a propósito, no accidental o como resultado de una enfermedad. Una auto-mutilación tan dramática suena extraña, pero un estudio etnográfico reciente publicado por el grupo de McCauley encontró que 121 sociedades humanas en todo el mundo practican o han practicado hasta hace poco la amputación de dedos. Uno de los enigmas de la neurociencia es cómo nuestro cerebro «consiente» hacerse daño a sí mismo, como en una automutilación o, en el caso más extremo, llegar al suicidio.

El grupo de investigación de McCauley clasificó las prácticas de amputación en diez grupos diferentes, dependiendo de si eran voluntarias, es decir, aceptadas por el participante, o involuntarias, forzadas sobre él. Evidentemente nuestro sistema nervioso no es responsable cuando a alguien le cortan un dedo pero sí cuando es un fenómeno voluntario. Los actos voluntarios incluyen la eliminación de segmentos de dedos para pedir ayuda a una deidad (sacrificio), para expresar el dolor por una pérdida (luto), para marcar la pertenencia a una comunidad (identidad), para buscar una curación (medicina) y para indicar el estado civil (matrimonio). También se identificaron dos prácticas involuntarias: la amputación para sancionar una mala acción (castigo) y la amputación para producir un objeto mágico u objeto de adoración (reliquia). Entre las prácticas *post mortem*, hay una que era realizada por parientes cercanos: la amputación para apelar a una deidad para conseguir ayuda (ofrenda), y dos que fueron llevadas a cabo por miembros de otro grupo: para marcar la victoria sobre un enemigo fallecido (trofeo) y para usarla en procesos de adoración o magia (talismán).

Los datos etnográficos no encajan con las pinturas rupestres en aspectos importantes. La mayoría de los ejemplos de culturas recientes involucran el corte de un dedo meñique, un sacrificio relativamente pequeño, mientras que las siluetas de manos en la cueva de Gargas muestran la pérdida de hasta cuatro dedos, algo que pondría en peligro el funcionamiento normal de esa mano. En las siluetas de mano del Paleolítico, se ve un acortamiento secuencial de los dedos quinto, cuarto y tercero, con el pulgar preservado, un patrón que no se observa en ninguno de los casos etnográficos, pero que es típico de los daños por congelación.

Cuando pensamos si algún grupo actual practica la autoamputación de dedos hay una respuesta común: la mafia japonesa o Yakuza. Probablemente esa imagen se deba a películas populares como *Street Mobster* (dirigida por Kinji Fukasaku en 1972), *The Yakuza* (dirigida por Sydney Pollack en 1974), *Black Rain* (dirigida por Ridley Scott en 1989) y *The Outsider* (dirigida por Martin Zandvliet en 2018).

«*Yubitsume*», traducida como acortamiento de dedos, la autoamputación ritual de los dígitos proximales por parte de los Yakuza, se realiza en sujetos vivos, suele ser voluntaria, y es normalmente un castigo para expiar un error o un sistema para demostrar lealtad, mostrar a otro una disculpa sincera y el remordimiento por un error y también se hace para evitar un castigo peor. Es algo común: la pérdida de falanges o dedos afecta al 45 por ciento de los miembros modernos de la yakuza. Por supuesto, es difícil determinar qué prácticas etnográficas recientes fueron similares a las de las personas del Paleolítico Superior, pero algunos autores excluyen algunas de ellos, y piensan que los objetivos más comunes para los artistas rupestres eran el luto y/o el sacrificio.

La ratio digital es la proporción entre la longitud del dedo índice (2° dedo o 2D) y la longitud del dedo anular (4° dedo o 4D) y ha sido objeto de un gran interés porque el patrón es dimórfico sexualmente, es decir, es diferente en hombres y en mujeres. Las diferencias en la longitud de ambos dedos entre hombres y mujeres se deben, según se cree, a la interrelación entre los niveles de esteroides sexuales y los genes que codifican tanto el desarrollo de los dedos como del sistema reproductor. Estos genes y hormonas también influyen en la sexualización del cerebro, nuestros cerebros son masculinos o femeninos y ello se muestra en detalles anatómicos mínimos, pero sí en importantes respuestas conductuales (agresividad, promiscuidad, capacidad verbal, navegación espacial, interés por la pornografía, etc.). Es importante recordar que la neurociencia no justifica la discriminación sexual, sino que apoya la igual capacidad de los cerebros de hombres y de mujeres.

El índice digital permite establecer otra diferencia entre los artistas de las cuevas y los Yakuza. La Yakuza parece ser una sociedad exclusivamente masculina donde las mujeres permanecen fuera de la esfera de la actividad criminal en esta estructura organizada, aunque se han identificado algunas excepciones, y las esposas yakuza tienen normalmente un papel pasivo de apoyo emocional, familiar y financiero a sus maridos mafiosos. Sin embargo, Dean Snow considera que las huellas de manos y las plantillas son un caso especial de sesgo implícito, ya que la suposición tradicional es que el arte parietal del Paleolítico Superior del sudoeste de Europa fue producido por varones adultos o jóvenes, pero esto no se había verificado. En una muestra de 32 huellas de manos en cuevas, concluyó, basándose en la proporción de dedos índice y anular, que las personas que hicieron estas huellas y siluetas de mano eran predominantemente (75 %) mujeres. Es decir, los autores del arte rupestre eran mayoritariamente autoras. Además de las películas mencionadas anteriormente, la mutilación de los dedos se encuentra en muchos otros componentes de la cultura pop, incluido el cuento de Roald Dahl *Man from the South* (1948), la novela de William Gibson *Neuromancer*, el programa de televisión japonés *Like a Dragon*, la serie *CSI: Miami* (Temporada 8, Episodio 13, «*Die By the Sword*») e incluso en la reciente serie televisiva *Juego de Tronos*, donde uno de los personajes, Davos Seaworth, el caballero de la Cebolla, también le faltan dedos. Debido a su pasado como contrabandista, Stannis le cortó cuatro falanges de la mano izquierda, las cuales llevaba en una bolsa colgada del cuello.

El Yubitsume se realiza raramente hoy en día. El deseo de los Yakuza de ser menos conspicuos parece haber llevado al declive de esta práctica, y las principales formas de castigo entre estos delincuentes actualmente son las sanciones económicas y la expulsión de la organización. Además, los informes de la policía japonesa indican que algunos miembros usan anestesia para facilitar el Yubitsume e incluso casos donde el mafioso va al hospital con el dedo cortado para que se lo reimplanten después de habérselo mostrado a su jefe. ¡Los soldados yakuza ya no son lo que eran!

📖 PARA LEER MÁS:

- Alkemalde R (2014) Outsiders Amongst Outsiders': A Cultural Criminological Perspective on the Sub-Subcultural World of Women in the Yakuza Underworld. http://www.japansubculture. com/outsiders-amongst-outsiders-a-cultural-criminological-perspective-on-the-sub-subcultural-world-of-women-in-the-yakuza-underworld/
- Bosmia AN, Griessenauer CJ, Tubbs RS (2014) Yubitsume: ritualistic self-amputation of proximal digits among the Yakuza. *J Inj Violence Res* 6(2): 54-56.
- Marshall M (2018) Cave art may show finger sacrifice. *New Scientist* 3207: 16.
- McCauley B, Maxwell D, Collard M (2018) A Cross-cultural Perspective on Upper Palaeolithic Hand Images with Missing Phalanges. *J Paleolithic Archaeol* 1(4): 314–333.
- Snow DR (2013) Sexual dimorphism in European Upper Palaeolithic cave art. *Amer Antiquity* 78(4): 746-761.

El índice Kardashian

Kim Kardashian es eso tan curioso que se conoce como una «*celebrity*», una famosa. A pesar de que no se sabe que haya hecho nada significativo en ningún tema relevante (ciencia, política, arte, música, crimen), es una de las personas con más seguidores en twitter (61,1 millones) y su nombre está entre los más buscados en Google a nivel mundial. Al parecer su fama inicial proviene primero de su amistad con Paris Hilton, otro espécimen parecido, y luego de un encuentro privado entre ella y el rapero Ray J, que fue grabado en video en 2003 y esa particular película porno amateur acabó en ese *conventillo* virtual que es internet en 2007. La demanda que presentó a la distribuidora Vivid Entertainment se zanjó con un acuerdo por 5 millones de dólares y pasó, con la cartera bien llena, a dar el salto a la fama.

Es cierto que su entrada en Wikipedia la define como actriz, diseñadora de moda, personaje social, personalidad de los medios sociales y la televisión, modelo y mujer de negocios, pero no es menos cierto que esos negocios se basan en unir su nombre y su perfil público a una marca determinada o un evento. Recibe «*royalties*» de lápices de labios, zapatos, ropa, alimentos dietéticos, videos de gimnasia, videojuegos y hasta pastelitos. A lo largo de los años ha hecho cameos en distintas series, ha participado en concursos estilo *Mira quien baila*, ha actuado en distintas películas, ha sido tertuliana —en 2010 se le consideró el personaje mejor pagado de televisión, con unos ingresos estimados en 6 millones de dólares anuales— y ha tenido su propia serie televisiva, otro de los indicadores de éxito en este mundo posmoderno. En invierno de 2014 ella, o mejor, su trasero, fue protagonista de la portada de la revista *Paper*. Hubo muchas críticas, tanto en los medios tradicionales como en internet, a lo que era considerado un importante retroceso en la defensa de una imagen digna de la mujer, y también es cierto que la página web de *Paper* pasó de las 25 000 visitas que tenía de media al día, a 15,9 millones, en un solo día.

La fama y la popularidad entre los investigadores es un asunto resbaladizo. La fundación de la Royal Society de Londres en 1660 creó un nuevo tipo de ciencia. Hubo el primer científico a sueldo (Robert Hooke, descubridor de la célula y comisario de experimentos), la primera reunión periódica de especialistas (congresos, simposia y encuentros, como los que ellos realizaban en el Gresham College), el lanzamiento de la comunicación internacional (como las cartas que Leeuwenhoek mandaba desde Holanda a Londres con sus descubrimientos) y la publicación de los resultados de la investigación no solo en libros, sino también en revistas especializadas (*Philosophical Transactions of the Royal Society*, fundada en 1665). Este modelo ha llegado con bastante similitud hasta nuestros días. Voy a hacer una serie de afirmaciones que creo tienen un respaldo mayoritario entre los investigadores, pero también, en mi opinión, un apoyo que es decreciente en el orden en que las presento:

— *La investigación debe ser publicada*. Algunos llegan a decir que la investigación no publicada, no existe. Una investigación no publicada no puede ser juzgada, ni puede ser confirmada o continuada, y corre el riesgo de ser repetida, con el consiguiente desperdicio de tiempo, esfuerzo y dinero.

— *La publicación de una investigación debe buscar la máxima difusión, por lo que debe hacerse en inglés*. Aquí existen críticas tanto desde un punto de vista más nacionalista —nuestro idioma debe ser una lengua científica— o justificaciones por una supuesta especificidad de la investigación —yo estudio los orígenes etnológicos de la sardana, por lo que mis lectores va a ser mayoritariamente catalanes y debo dirigirme a ellos en su lengua, aunque mi investigación sea tan interesante e importante como lo mejor publicado en inglés.

—*La mayor difusión la tienen las revistas que llamamos «de impacto», por lo que debemos intentar publicar en ellas.* Algunos investigadores que no publican en estas revistas siempre utilizan el argumento de artículos malos publicados en buenas revistas o artículos excelentes publicados en revistas desconocidas, pero parece claro que se trata de excepciones a una regla general que podemos definir como que la mejor investigación se publica normalmente en las revistas mejor valoradas.

—*El impacto de una publicación se puede medir con indicadores bibliométricos como el número de citas por otros autores.* Asumido esto, es también cierto que un tipo determinado de artículo, como los metodológicos o las revisiones, tiene comparativamente muchas citas, y un articulo especialmente malo, como un plagio o un supuesto avance que luego resulta ser falso, es posible que reciba también un numero alto de citas, aunque sea para vilipendiarlo. Como regla general, en los artículos «normales» la investigación más novedosa y más relevante será normalmente más citada, siempre por supuesto comparando dentro de la misma disciplina.

—*La calidad reltiva de un investigador es difícil de medir, pero se puede conseguir una aproximación razonable con sus publicaciones (cantidad, calidad de las revistas y citas específicas de sus artículos).* Estos criterios son los usados en muchas de las evaluaciones, tanto para la financiación de un proyecto como para una promoción en la universidad o en los organismos de investigación públicos. La prueba de que no es algo fácil es que no se usa un algoritmo que permita una valoración automática, ni tampoco es un trabajo mecánico que pueda ser hecho por administrativos, sino que se requiere siempre la participación de especialistas del mismo área de conocimiento que puedan hacer una evaluación razonada y experta.

—*Hay que complementar la publicación especializada con una difusión más amplia de las investigaciones.* Un artículo en una revista especializada tiene por definición una audiencia reducida, los especialistas que trabajan en el mismo tema o un tema relacionado. Las agencias de financiación de la investigación requieren frecuentemente un plan de difusión de la investigación. Se piensa que es parte de un retorno: como la investigación es financiada por la sociedad con sus impuestos hay que darle cuentas de lo realizado y conseguido. Bastantes investigadores reniegan de esta exigencia y la consideran una pérdida de tiempo, un requisito molesto, una degradación. Personalmente creo que es algo necesario y adecuado, imprescindible para aumentar la cultura científica de la población y aumentar el respaldo social a la investigación.

—*Los investigadores deben usar las redes sociales.* No sé siquiera si en una encuesta el respaldo a esta afirmación sería mayoritario e imagino que hay también un componente generacional. Quizá es necesario distinguir entre medios de comunicación tradicional (redes sociales clásicas) y los medios digitales (redes sociales modernas). Muchos investigadores usamos redes sociales pero es posible que la mayoría lo hagan más para aspectos personales que profesionales. Por otro lado, hay muchos divulgadores que utilizan con fruición las redes sociales para contar investigación, aunque no sean ellos los que la han hecho. El número de científicos que usan Twitter, Facebook, Instagram u otros para difundir su investigación va creciendo, pero es aún minoritario.

En julio de 2014 Neil Hall publicó un estudio en la revista *Genome Biology* donde estableció un nuevo índice que denominó «índice Kardashian». Medio en broma, medio en serio, Hall comparó el impacto especializado de un investigador (medido mediante el número de citas de sus publicaciones en artículos científicos) con el impacto social del mismo investigador (medido mediante el número de seguidores en Twitter). Hall seleccionó una muestra de 40 investigadores que llevaban un tiempo en Twitter, eliminó aquellas referencias iniciales de la Genómica que se han convertido en «clásicos» y por eso son citadas reiteradamente y estableció una correlación. Por encima de un valor de 5 estarían los científicos «kardashians», aquellos que son famosos, tienen mucha presencia social, salen en programas de televisión o medios de comunicación, pero luego no tienen apenas investigación relevante propia. Aquí, lógicamente, no encajan los divulgadores, periodistas y otros profesionales que hacen una magnífica labor pero no hacen investigación. Valores de índice Kardashian (K-index) muy bajos significan —según Hall— científicos infravalorados, cuya investigación es reconocida por sus colegas pero no por el público en general o que simplemente no trabajan las redes sociales, no hacen la difusión de su investigación como debieran.

El índice Kardashian se puede definir como la razón entre el número de seguidores en Twitter (S) y el número de seguidores esperable (Se) según el número de citas de sus trabajos (C):

$$Se = 43,3 \times C^{0,32}$$
$$IK = S/Se$$

Science exploró el índice Kardashian y resulta que:

1) Solo un quinto de los científicos con más impacto (con más citas) tenían una cuenta de twitter identificable.
2) Los tres científicos con más seguidores en twitter tienen índices к muy altos, lo que les convertiría según Hall en científicos kardashians pero todos reconocemos un alto valor a su trabajo, para la ciencia y para la sociedad.

Neil de Grasse Tyson, astrofísico, tenía 2,4 millones de seguidores en twitter (@neiltyson), ahora tiene más de 13,3 millones de seguidores, pero solo 151 citas, así que su K-index es de 11 129. Brian Cox, físico, tenía 1,4 millones de seguidores en twitter (ahora tiene 2,9 millones) (@ProfBrianCox) y 33 301 citas, por lo que su K-index era de 1188. Richard Dawkins, biólogo, tenía 1 millón de seguidores en twitter (ahora tiene 2,83 millones) (@RichardDawkins), 49 631 citas, por lo que su K-index era de 740.

En mi caso, en el momento en que escribo esto, mis seguidores en twitter (@jralonso3) son 9702 y las citas a mis artículos científicos 3397, por lo que mi K-index es de 16,6. Hace 5 años era de 3,2, así que mejoro más en la popularidad que en el número de citas. ¡Me estoy kardashianizando!

Más en serio, el índice Kardashian es una propuesta provocadora y divertida pero que tiene muchos flancos débiles:

— Igual que los mejores científicos a veces son malos profesores, pueden ser un desastre en las redes sociales y viceversa.
— Las redes sociales priman ciertos perfiles (provocativos, exhibicionistas, conflictivos, divertidos, etc.) No son perfiles particularmente relacionados con la actividad científica.
— El perfil público y el número de seguidores se multiplica por la presencia en medios tradicionales, en particular la televisión, que a su vez busca a la gente popular. Kim Kardashian es un buen ejemplo. Los medios de comunicación de masas son un factor enorme de promoción, pero también de distorsión.
— La mayoría de los científicos que estamos en twitter no tuiteamos exclusivamente, ni siquiera mayoritariamente, sobre nuestra propia investigación. Son las mismas personas, pero dudo que sean actividades paralelas. ¿A mayor investigación, mayor presencia en twitter, más seguidores? No lo creo.
— Sería interesante ver los seguidores de los investigadores que además somos profesores ¿Son nuestros alumnos? ¿Sumamos una nueva cohorte cada año? En mi caso creo que no.

El análisis por *Science* de los 50 científicos (anglosajones, aunque ellos no lo indiquen) con más seguidores en twitter muestra otro aspecto deprimente: solo cuatro son mujeres. El análisis por *Mètode* de los científicos tuiteros en España tuvo el mismo problema, las mejores no aparecían inicialmente aunque fueron detalladas en los comentarios. El porqué es complejo. La astrónoma Pamela Gay (@starstryder), cuyos 17 000 seguidores (ahora tiene 39 900) la ponían en el puesto 33° dice que es algo que no le sorprende porque a la sociedad todavía le cuesta reconocer a mujeres como líderes en ciencia. Las científicas también tienen más probabilidades de sufrir comentarios sexistas de los típicos imbéciles que se esconden en el anonimato. Según ella decía: «*En algún momento te hartas con todos los comentarios del tipo ‹porque eres fea› o ‹porque estás buena›*».

Algunos académicos son muy críticos sobre el tiempo dedicado a las redes sociales, mientras que otros pensamos que es una herramienta útil y un tiempo bien invertido. En junio de 2014, Kim Kardashian sacó un juego para móviles (iPhone y Android) titulado *Kim Kardashian: Hollywood*. El objetivo del juego es convertirte en una estrella de Hollywood o una *starlet*. Como muchos otros juegos para móviles, tiene una versión gratuita y luego pequeños cargos para nuevas prestaciones. El juego fue un éxito, facturando 1,6 millones de dólares en sus primeros cinco días. En julio, la empresa desarrolladora, Glu Mobile, anunció que era el 5° juego según beneficios en la Apple Store. ¡Esto sí que es otro tipo de ránking y factor de impacto!

📖 PARA LEER MÁS:

- Hall N (2014) The Kardashian index: a measure of discrepant social media profile for scientists. *Genome Biol* 15(7): 424. http://genomebiology.com/content/pdf/s13059-014-0424-0.pdf
- You J (2014) The top 50 science stars of Twitter. *Science* http://news.sciencemag.org/scientific-community/2014/09/top-50-science-stars-twitter
- http://en.wikipedia.org/wiki/Kim_Kardashian

Este libro se terminó de imprimir, por encargo
de Editorial Guadalmazán, en octubre de 2019.
Tal mes del año 1888 uno de los zurdos más
célebres de la historia, el holandés Vincent Van
Gogh, pintaba una de sus obras más conocidas:
El dormitorio de Arlés. Inspirado en las estampas
japonesas, nos introduce con este óleo en su
dimensión más íntima y privada. Describiendo
la obra a su hermano Théo explicaba que: «con
la vista del cuadro debe descansar la cabeza,
o más bien la imaginación.»